湖南省市（县、区）生态环境监测专业技术人才培训教材

污染源现场监测技术教程

主编　李照全　吴　丁　黄凤莲

湘潭大学出版社
XIANGTAN UNIVERSITY PRESS

图书在版编目（CIP）数据

污染源现场监测技术教程 / 李照全，吴丁，黄凤莲主编．-- 湘潭：湘潭大学出版社，2023.7
ISBN 978-7-5687-1346-7

Ⅰ．①污… Ⅱ．①李… ②吴… ③黄… Ⅲ．①污染源监测一教材 Ⅳ．①X830.7

中国国家版本馆 CIP 数据核字（2024）第 005867 号

污染源现场监测技术教程

WURANYUAN XIANCHANG JIANCE JISHU JIAOCHENG

李照全 吴丁 黄凤莲 主编

策划编辑： 丁立松
责任编辑： 丁立松 胡 丁
封面设计： 张丽莉
出版发行： 湘潭大学出版社
社　　址： 湖南省湘潭大学工程训练大楼
电　　话： 0731-58298960 0731-58298966（传真）
邮　　编： 411105
网　　址： http://press.xtu.edu.cn/
印　　刷： 长沙创峰印务有限公司
经　　销： 湖南省新华书店
开　　本： 787 mm×1092 mm 1/16
印　　张： 6.75
字　　数： 165 千字
版　　次： 2023 年 7 月第 1 版
印　　次： 2023 年 7 月第 1 次印刷
书　　号： ISBN 978-7-5687-1346-7
定　　价： 58.00 元

《污染源现场监测技术教程》编委会

主　编　李照全　吴　丁　黄凤莲

副主编　黄光福　黄钟霆　魏　凤

编　委　肖　曲　方　平　李建钊　万　群

张运广　周　星　雷坚志　彭　锐

黄　卫　蒋睿晓　郭艳辉　戴佳琦

参与单位　湖南省岳阳生态环境监测中心

长沙环境保护职业技术学院

前　言

为深入贯彻党的二十大精神，全面贯彻习近平生态文明思想，认真落实省委办公厅、省政府办公厅《关于深化生态环境监测改革建设推进生态环境监测现代化的实施意见》，结合全省市（县、区）生态环境监测站监测能力现状，以着力提升现场监测能力为抓手，不断推进市（县、区）生态环境监测站监测能力建设，为实现“2025年市（县、区）监测机构具备有效开展行政区域内执法监测和应急监测的能力”奠定坚实基础。

污染源监测是生态环境监测的重要组成部分，其准确可靠是“三个治污”的基础支撑，是深入打好污染防治攻坚战的根本保障。为切实帮扶基层，做好送政策、送技术、送服务工作，着力提升全省市（县、区）开展执法监测的一线人员现场监测能力，在省厅生态环境监测处、省生态环境监测中心的悉心指导下，我们组织编写了《污染源现场监测技术教程》。

本书立足现场监测工作实际，按污染源监测对象分别对水污染源、大气污染源、固体废物污染源、噪声污染源，就监测点位布设、现场样品采集、现场监测质量控制和质量保证、现场监测安全知识等内容进行了深入浅出的阐述，旨在提供科学、简练、适用、可操作性的实操教范，对优化和完善污染源监测技术体系有重要意义。

本书在编写过程中得到了各级生态环境部门的大力支持与帮助，在此谨表谢意，由于编写时间仓促，加之编者水平有限，书中疏漏之处在所难免，敬请广大读者批评指正。

编　者

目 录

第 1 章　绪　论

随着人们对生态环境质量要求的不断提高，以及全球对生态环境保护工作的重视程度越来越高，环境监测对象不断拓展，监测范围不断延伸，监测因子不断优化，构建生态环境“大监测”格局正逐步形成。污染源现场监测是生态环境监测的重要组成部分，要求监测数据准确、客观、真实。实际工作中，污染源现场监测任何一个环节出现问题，都可能导致监测结果失真。因此，必须严格按照国家相关标准与技术规范，规范现场监测流程，严格落实各项质量保证措施，确保监测数据的“真、准、全、快、新”。

本章对污染源现场监测技术进行了简要概述，并主要介绍了污染源的定义、分类及监测目的。

1.1　污染源现场监测技术概述

污染源监测是一种环境监测内容，主要用环境监测手段确定污染物的排放来源、排放浓度、污染物种类等，为控制污染源排放和环境影响评价提供依据，同时也是解决污染纠纷的主要依据。

1972 年以来，我国环境保护工作经历了环境保护意识启蒙阶段（1972—1978 年）、环境污染蔓延和环境保护制度建设阶段（1979—1992 年）、环境污染加剧和规模化治理阶段（1993—2001 年）、环保综合治理阶段（2002—2012 年）。集中的污染治理，尤其是严格的主要污染物总量控制，有效遏制了环境质量恶化的趋势，但仍未实现环境质量的全面改善，“十三五”以来，我国环境保护的思路转向以环境质量改善为核心。与环境保护工作相适应，我国环境监测大致经历了 3 个阶段：第一阶段是污染调查监测与研究性监测阶段；第二阶段是污染源监测与环境质量监测并重阶段；第三阶段是环境质量监测与污染源监督监测阶段。根据污染源监测在环境管理中的地位和实施情况，将污染源监测划分为 3 个阶段：严格的总量控制制度之前（“十一五”之前），污染源监测主要服务于工业污染源调查和环境管理“八项制度”；严格的总量控制制度时期（“十一五”和“十二五”），污染源监测围绕总量控制制度开展总量减排监测；以环境质量改善为核心的阶段（“十三五”以来），污染源监测主要服务于环境保护执法和排污许可制实施。《“十四五”生态环境监测规划》指出，以监测先行、监测灵敏、监测准确为导向，以更高标准保证监测数据“真、准、全、快、新”为根基，以健全科学、独立、权威、高效的生态环境监测体系为主线，巩固环境质量监测、强化污染源监测、拓展生态质量监测，全面推进生态环境监测从数量规模型向质量效能型跨越，提高生态环境监测现代化水平，为生态环境持续改善和生态文明建设实现新进步奠定坚实基础。

1.2 污染源的定义及分类

环境污染源是指环境污染的发生源。通常指能产生物理的、化学的及生物的有害物质或能量的设备、装置或场所的人类活动引发的环境污染发生源。

按污染的主要对象可分为水污染源、大气污染源、噪声污染源、固体废物污染源、核辐射污染源等。

1.3 污染源监测的目的

目前，按污染源类型把污染源监测分为：废水污染监测、废气污染监测、噪声污染监测、固体废物污染监测和放射性污染监测 5 类。污染源监测的目的如下：

（1）根据环境质量标准评价环境质量；

（2）根据污染分布情况，追踪寻找污染源，为实现监督管理、控制污染提供依据；

（3）收集本底数据，积累长期监测资料，为研究环境容量、实施总量控制和目标管理、预测预报环境质量提供数据；

（4）为保护人类健康、保护环境，合理使用自然资源，制订环境法规、标准、规划等服务；

（5）揭示新的污染问题，探明原因，确定新污染物，研究新的监测方法，为环境科学研究提供依据。

第 2 章　污染源现场监测的一般要求

《“十四五”生态环境监测规划》指出，要坚持测管联动，强化污染源监测和应急监测。要坚持国家指导、省级统筹、市县承担，深入推进执法监测机制优化增效。污染源现场监测是生态环境监测的重要组成部分，是了解和掌握区域排污状况和排污趋势的手段，要求其监测数据具有代表性、准确性、精密性、可比性和完整性。

本章介绍了污染源现场监测的一般要求，主要包括监测方案制定、监测设施的维护、现场监测注意事项等，并对监测过程中的质量控制、记录要求及安全保障进行简要阐述。

2.1　制定监测方案

制定监测方案的基础和前提是现场调查应尽可能详细准确。在综合现场调查的基础上，核实相关资料，根据现场调查情况和查阅相关资料后，确定监测项目和合理的采样断面、采样点位、采样周期、采样频次，制定质量控制和保证措施及实施计划和安全防护措施；制定出详细的采样方案，有助于消除采样时的随意和盲目，从而保证样品的代表性和完整性。采样负责人在制定方案前要充分了解该项监测任务的目的和要求，应对要采样的污染源情况（工艺流程、污染类型、排放规律、污水管网走向等）了解清楚，并熟悉采样方法、盛装样品容器的选择、样品的保存及运输。如果有现场监测项目，应了解相关现场监测技术。

制定监测方案前，应明确监测任务的性质、目的、内容、方法、质量保证和质量控制及经费等要求，必要时到现场踏勘、调查与核查，并按相关程序评估能力和资源是否能满足监测任务的需求。

监测方案一般包括：监测目的和要求、监测点位、监测项目和频次、样品采集方法和要求、监测分析方法和依据、质量保证与质量控制（QA/OC）要求、监测结果的评价标准（需要时）、监测时间安排、提交报告的日期和对外委托情况等。对于常规、简单和例行的监测任务，监测方案可以简化。

2.2 设置和维护监测设施

开展监测必须有相应的监测设施，为了保证监测活动的正常开展，各单位应按照规定设置满足监测所需要的设施。

为保证数据的准确性和可靠性，属于国家强制检定的仪器与设备，应经有资质的机构检定，并在检定合格有效期内使用；属于非强制检定的仪器与设备，应按照相关校准规程自行校准或核查，或送有资质的检定机构进行校准，校准合格并在有效期内使用。每年应对仪器与设备检定及校准情况进行核查，未按规定检定或校准的仪器与设备不得使用。

制定仪器与设备年度核查计划，并按计划执行，保证在用仪器与设备运行正常。监测仪器与设备应定期维护保养，应制定仪器与设备管理程序和操作规程，使用时做好仪器与设备使用记录，保证仪器与设备处于完好状态。每台仪器与设备均应有责任人负责日常管理，责任人应有监督仪器与设备使用操作规范性的权利与义务。

用于监测的设施和环境条件，应满足相关法律、法规和标准要求。实验室区域间应采取有效隔离措施，防止交叉污染。有毒有害废物应妥善处理，或交有资质的单位处置。应建立并保持安全作业管理程序，确保危险化学品、有毒物品、有害生物、辐射、高温、高压、撞击以及水、气、火、电等危及安全的因素和环境得到有效控制，并有相应的应急处理措施，危险化学品储存应执行其相关规定。应制定并实施有关实验室安全和人员健康的程序，并配备相应的安全防护设施。

2.3 开展污染源现场监测

开展现场监测时，应记录企业生产情况、污染物治理设施运行情况。其中，企业生产情况包括一个季度（月）的生产记录，产品产量，原材料使用量等；污染物治理设施运行情况主要包括现场流量计使用、药剂存储与使用、板框压滤机的使用、污泥存储情况及处置记录等。监测现场记录应由两名或两名以上的监测人员签字确认，同时企业生产工况及环境保护设施运行状况由执法人员及企业代表签字确认。

现场监测时，监测时段的气象等环境条件，水、电和气供给等工作条件，企业工况及污染物变化（稳定性）条件应满足监测工作要求。应有确保人员和仪器设备安全的措施。

2.4　监测质量保证与质量控制

质量保证与质量控制（QA/QC）要求应涉及监测活动全程序的质量保证措施和质量控制指标。

监测人员应执行相应监测方法中的质量保证与质量控制规定，此外，还可以采取以下内部质量控制措施：

（1）监测点位应根据监测对象、污染物性质和数据的预期用途等，按国家环境保护标准、其他的国家标准和其他行业标准、相关技术规范和规定进行设置，保证监测信息的代表性和完整性。样品的时空分布应能反映主要污染物的浓度水平、波动范围和变化规律。重要的监测点位应设置专用标志。

（2）采样人员应根据监测方案所确定的采样点位、污染物项目、监测频次、监测时间和监测方法进行采样。同时需要制订采样计划，内容主要包括：采样时间和路线、采样人员和分工、采样器材、现场测试仪器、质量保证和质量控制措施、样品保存、交通工具以及安全保障等。

（3）采样人员应充分了解监测任务的目的和要求，了解监测点位的周边情况，掌握采样方法、监测项目、采样质量保证措施、样品的保存技术和采样量等，做好采样前的准备。

（4）采集样品时，应满足相应的规范要求，并对采样准备工作和采样过程实行必要的质量监督。需要时，可使用定位仪或照相机等辅助设备证实采样点位置。

2.5　记录要求

应建立符合本机构质量体系要求的记录程序，对所有质量活动和监测过程的技术活动及时记录，保证记录信息的完整性、充分性和可追溯性，为监测过程提供客观证据。

记录应清晰明了，不得随意涂改，必须修改时应采用杠改方法，电子存储记录应保留修改痕迹。应规定各类记录的保密级别、保存期和保存方式，防止记录损坏、变质和丢失；电子存储记录应妥善保护和备份，防止未经授权的侵入或修改。必要时，进行电子存储记录的存储介质更新，以保证存储信息能够读取。

监测原始记录应详细全面，应有监测人员和校核人员的签名，监测人员负责填写原始记录；校核人员应检查数据记录是否完整、抄写或录入计算机时是否有误、数据是否异常等，并考虑相关因素，如监测方法、监测条件、数据的有效位数、数据计算和处理过程、法定计量单位和质量控制数据等。

2.6 环境监测现场安全

针对环境监测现场采样监测等环节中的各种不安全因素，应注意以下几个方面：

1. 配备必要的个人安全防护用品

① 对头的防护主要选择安全帽；② 对手的防护主要选择各种防护手套，如橡胶手套、耐酸碱手套、帆布手套、一般作业防护手套等；③ 对身体的防护，一般选择安全带、绝缘工作鞋、一般作业防护工作服等，如遇有毒物质需要防护时，根据接触的毒物毒性、可能接触的浓度大小选择戴面罩式胶布防毒衣、连衣式胶布防毒衣等；④ 对呼吸系统的防护，一般选择防尘口罩，如遇有毒物质需要防护时，根据毒物的性质和毒物的接触形式，按防护能力大小可选择隔离式呼吸器和过滤式呼吸器；⑤ 对视力器官的防护主要选择化学安全防护眼镜、安全防护面罩等；⑥ 对听力器官的防护主要选择耳塞或耳罩、防声棉等。另外，还应该准备治烫伤药、创可贴等必备药品，禁止在现场吸烟、进食及饮水。

2. 高空作业安全防护

高处作业人员的衣着要注意轻便灵活，最好是分体式、缩口紧凑型，脚下要穿软底防滑鞋，绝不能穿着拖鞋等。高处作业中所用的设备应摆放平稳，传递物件时不能抛掷。各施工作业场所内，凡有坠落可能的任何物料，都要一律先行撤除或者加以固定，以防跌落伤人。

3. 高温作业安全防护

在污染源锅炉、焚烧炉、熔炉监测过程中，烟道烟气存在高温正压的可能，温度一般在 100 ℃以上，有些炉窑的烟道温度甚至在 400 ℃以上，极易发生烫伤事故，要防止造成灼伤、烫伤。要准备好烫伤药品，若烫伤后轻微发红可涂擦医用橄榄油；若有水泡，不要挑破水泡，可涂龙胆紫；若伤处发黑，应去医院诊治。

4. 水面作业安全防护

在常规地表水、近岸海域海水环评、区域环境调查等监测工作中，监测人员需要进入江河湖海中作业。凡在水面以上或接近水面处作业，要采取适当措施防止监测人员坠入水中，提供安全和足够的运载手段，配备救生圈、救生衣等救生设备。

5. 噪声污染安全防护

噪声对人体的伤害如粉尘、废气等有害物质一样，对人体的影响和危害也是多方面的，可以导致各种职业病的产生，如耳聋、耳鸣、神经衰弱、心脑血管疾病及消化系统疾病。在对测试位置距风机或生产设备等高噪声源较近的污染源进行监测时，要配备耳塞或耳罩、防声棉等。

6. 生物污染安全防护

生物污染安全防护一般要注意在采样时穿工作服，要戴合适的一次性手套、口罩；采样时应小心谨慎，避免样品喷溅；在监测场所禁止吸烟、饮食、化妆；一旦发生生物安全事件，应立即去医院诊治。

7. 用电安全防护

人体不要接触带电裸线、接地线和带电（漏电）设备；要熟悉供电设备结构及供电系统接线，不违章触及有电设备操作；绝缘工具严禁超期使用；要确认停电线路带电挂地线。拆装电源时委托电工进行工作；设备仪器接电源时要注意电源与设备仪器相符，并注意接好地线；开启或关闭电闸时不要用湿手操作，防止触电事故发生。

第3章 废水污染源现场监测技术

水资源作为人类的生命之源，是我们生活中所不可缺少的物质。人们的生存离不开水。但是，随着人类经济活动加剧，工业生产的发展和社会经济的繁荣，在大量消耗能源的同时，将大量的工业废水和城市生活污水排入水体，水污染日益凸显。为了进一步加强废水污染源的监测，《“十四五”生态环境监测规划》要求拓展水污染溯源监测，建立“断面-水体-污染源”全链条监测溯源技术体系，在重点污染河段入河排污口开展水质、水量实时监测。污染源现场监测是水污染溯源监测的关键，只有确保样品的代表性和完整性，才能使监测数据“真、准、全”。

本章主要介绍了废水监测点位布设、样品采集、样品保存、样品记录、样品的运输与交接、质量控制与质量保证等方面的内容，并对流量、水温和pH值的现场测定原理及方法、注意事项进行了阐述。

3.1 监测点位布设

3.1.1 排放口设置要求

排放口应满足现场采样和流量测定的要求，原则上设在厂界内，或厂界外不超过10 m的范围内。污水排放管道或渠道监测断面应为矩形、圆形、梯形等规则形状。测流段水流应平直、稳定、有一定水位高度。用暗管或暗渠排污的，须设置一段能满足采样条件和流量测量的明渠。

污水面在地面以下超过1 m的排放口，应配建取样台阶或梯架。监测平台面积应不小于1 m^2，平台应设置不低于1.2 m的防护栏。

排放口应按照《环境保护图形标志——排放口（源）》（GB 15562.1—1995）的要求设置明显标志，并应加强日常管理和维护，确保监测人员的安全，经常进行排放口的清障、疏通工作；保证污水监测点位场所通风、照明正常；产生有毒有害气体的监测场所应强制设置通风系统，并安装相应的气体浓度安全报警装置。

经生态环境主管部门确认的排放口不得随意改动。由于生产工艺或其他原因需变更排放口时，须按上述要求重新确认。

3.1.2　监测点位的布设

1. 污染物排放监测点位

在污染物排放（控制）标准规定的监控位置设置监测点位。对于环境中难以降解或能在动植物体内蓄积，对人体健康和生态环境产生长远不良影响，具有致癌、致畸、致突变的，根据环境管理要求确定的应在车间或生产设施排放口监控的水污染物，在含有此类水污染物的污水与其他污水混合前的车间或车间预处理设施的出水口设置监测点位，如果含此类水污染物的同种污水实行集中预处理，则车间预处理设施排放口是指集中预处理设施的出水口。如环境管理有要求，还可同时在排污单位的总排放口设置监测点位。

对于其他水污染物，监测点位设在排污单位的总排放口。如环境管理有要求，还需同时在污水集中处理设施的排放口设置监测点位。

2. 污水处理设施处理效率监测点位

监测污水处理设施的整体处理效率时，在各污水进入污水处理设施的进水口和污水处理设施的出水口设置监测点位；监测各污水处理单元的处理效率时，在各污水进入污水处理单元的进水口和污水处理单元的出水口设置监测点位。

3. 雨水排放监测点位

排污单位应雨污分流，雨水经收集后由雨水管道排放，监测点位设在雨水排放口；如环境管理要求雨水经处理后排放的，监测点位按污染物排放监测点位的设置方法进行设置。

3.1.3　监测时间与监测频次

排污单位的排污许可证、相关污染物排放（控制）标准、环境影响评价文件及其审批意见、其他相关环境管理规定等对采样频次有规定的，按规定执行。

如未明确采样频次的，按照生产周期确定采样频次。生产周期在 8 h 以内的，采样时间间隔应不小于 2 h；生产周期大于 8 h，采样时间间隔应不小于 4 h；每个生产周期内采样频次应不少于 3 次。如无明显生产周期、稳定、连续生产，采样时间间隔应不小于 4 h，每个生产日内采样频次应不少于 3 次。排污单位间歇排放或排放污水的流量、浓度、污染物种类有明显变化的，应在排放周期内增加采样频次。雨水排放口有明显水流动时，可采集一个或多个瞬时水样。

排污单位如有污水处理设施并能正常运转使污水能稳定排放，则污染物排放曲线比较平稳，开展监督性检查监测可以采瞬时样。

为确认自行监测的采样频次，排污单位也可在正常生产条件下的一个生产周期内进行加密监测：周期在 8 h 以内的，每小时采 1 次样；周期大于 8 h 的，每 2 h 采 1 次样；但每个生产周期采样次数不少于 3 次；采样的同时测定流量。

3.2 样品的采集

3.2.1 采样前的准备工作及注意事项

采样前要认真检查采样器具、样品容器及其瓶塞（盖），及时维修并更换采样工具中的破损和不牢固的部件。样品容器确保已盖好，减少污染的机会并安全存放。注意用于微生物等组分测试的样品容器在采样前应保证包装完整，避免采样前造成容器污染。采样器材的材质应具有较好的化学稳定性，在样品采集、样品储存期内不会与水样发生物理化学反应，从而引起水样组分浓度的变化。采样器具可选用聚乙烯、不锈钢、聚四氟乙烯等材质，样品容器可选用硬质玻璃、聚乙烯等材质。

到达监测点位，采样前先将采样容器及相关工具排放整齐，对照监测方案采集样品。采样时应去除水面的杂物、垃圾等漂浮物，不可搅动水底部的沉积物，采样前先用水样荡涤采样容器和样品容器 2～3 次。

对不同的监测项目选用的容器材质、加入的保存剂及其用量、保存期限和采集的水样体积等，须按照监测项目的分析方法要求执行；如未明确要求，可按照《污水监测技术规范》（HJ 91.1—2019）中的要求执行。

采样完成后应在每个样品容器上贴上标签，标签内容包括样品编号或名称、采样日期和时间、监测项目名称等，同步填写现场记录。

采样结束后，核对监测方案、现场记录与实际样品数，如有错误或遗漏，应立即补采或重采。如采样现场未按监测方案采集到样品，应详细记录实际情况。

其他的一些注意事项：

（1）石油类采样需使用专门的石油类采样器，采样体积一般在 500～750 mL，不得采集过满；

（2）部分监测项目采样前不能荡洗采样器具和样品容器，如动植物油类、石油类、挥发性有机物、微生物等；

(3) 部分监测项目在不同时间采集的水样不能混合测定，如水温、pH 值、色度、动植物油类、石油类、生化需氧量、硫化物、挥发性有机物、氰化物、余氯、微生物、放射性等；

(4) 部分监测项目保存方式不同，须单独采集储存，如动植物油类、石油类、硫化物、挥发酚、氰化物、余氯、微生物等；

(5) 部分监测项目采集时须注满容器，不留顶上空间，如生化需氧量、挥发性有机物等；

(6) 水温、pH 值等能在现场测定的监测项目或分析方法要求须在现场完成测定的监测项目，应在现场测定。

3.2.2　样品的保存

样品采集后应尽快送实验室分析，并根据监测项目所采用的分析方法要求确定样品的保存方法。具体按照《污水监测技术规范》（HJ 91.1—2019）中附录 A 中的要求对采集的样品进行保存（具体见本书附录 1 标准规范）。

3.2.3　样品的标识

每一个样品必须具备唯一的标识。因此，样品采集完以后，必须当即在现场贴上标签，标签的格式可以由单位自行制定，但应该至少包含以下内容：任务名称、监测点位名称、监测时间、样品类型、监测项目、采样人员、固定剂添加情况等。

3.2.4　采样记录

采样人员在现场采集样品的同时，须认真填写现场采样记录。现场记录应包含以下内容：监测目的、排污单位名称、气象条件、采样日期、采样时间、现场测试仪器型号与编号、采样点位、生产工况、污水处理设施处理工艺、污水处理设施运行情况、污水排放量/流量、现场测试项目和监测方法、水样感官指标的描述、采样项目、采样方式、样品编号、保存方法、采样人、复核人、排污单位人员及其他需要说明的有关事项等，具体格式可参照附录 2 的表 2-1 和表 2-2，也可以自行制订。

3.2.5　样品的运输与交接

根据采样点的地理位置和监测项目保存期限，选用适当的运输方式。样品运输前应将容器的外（内）盖盖紧。装箱时应用泡沫塑料等减震材料分隔固定，以防破损。

除防震、避免日光照射和低温运输外，还应防止沾污。同一采样点的样品应尽量装在同一样品箱内，运输前应核对现场采样记录上的所有样品是否齐全，应有专人负责样品运输。

采集的样品和采样记录表运回后一并交实验室样品管理员，并办理交接手续。现场监测人员与实验室样品管理员进行样品交接时，须清点和检查样品，并在交接记录上签字。样品交接记录内容包括交接样品的日期和时间、样品数量和性状、测定项目、保存方式、交样人、接样人等。

3.3 样品的现场测定

3.3.1 水温的现场测定

仪器设备：温度计或颠倒温度计。

测定方法：《水质水温的测定温度计或颠倒温度计测定法》(GB 13195—91)。

表层水温的测定：将水温计投入水中至待测深度，感温 5 min 后，迅速上提并立即读数。从水温计离开水面至读数完毕应不超过 20 s，读数完毕后，将筒内水倒净。

水深在 40 m 以内水温的测定：将深水温度计投入水中，与表层水温的测定相同步骤进行。

水深在 40 m 以上水温的测定：将安装有闭端式颠倒温度计的颠倒采水器，投入水中至待测深度，感温 10 min 后，由“使锤”作用，打击采水器的“撞击开关”，使采水器完成颠倒动作。感温时，温度计的储泡向下，断点以上的水银柱高度取决于现场温度，当温度计颠倒时，水银在断点断开，分成上、下两部分，此时接受泡一端的水银柱示度，即为所测温度。上提采水器，立即读取主温计上的温度。根据主、辅温计的读数，分别查主、辅温计的器差表（由温度计检定证中的检定值线性内插作成）得相应的校正值。颠倒温度计的还原校正值 K 的计算公式为：

$$K=\frac{(T-t)(T+V_0)}{n}\left(1+\frac{T+V_0}{n}\right)$$

式中：T 为主温计经器差校正后的读数；t 为辅温计经器差校正后的读数；V_0 为主温计自接受泡至刻度 0 ℃处的水银容积，以温度度数表示；$1/n$ 为水银与温度计玻璃的相对膨胀系数，n 通常取值为 6 300。

主温计经器差校正后的读数 T 加还原校正值 K，即为实际水温。

注意事项：当现场温度高于 35 ℃或低于 −30 ℃时，水温计在水中的停留时间要适当延长，以达到温度平衡。当气温与水温相差较大时，尤应注意立即读数，避免受气温的影响。

3.3.2　pH 的现场测定

主要设备：现场测定时必须使用带有自动温度补偿功能的仪器。

测定方法：使用 pH 广泛试纸粗测样品的 pH 值，根据样品的 pH 值大小选择 2 种合适的校准用标准缓冲溶液。2 种标准缓冲溶液 pH 值相差约 3 个 pH 单位。样品 pH 值尽量在两种标准缓冲溶液 pH 值范围之间，若超出范围，样品 pH 值至少与其中一个标准缓冲溶液 pH 值之差不超过 2 个 pH 单位。

校准：采用两点校准法（亦可采用多点校准法），按照仪器说明书选择校准模式。(1) 先用 pH＝7 标准缓冲溶液，再用 pH＝4 或 pH＝9 标准缓冲溶液校准。将电极浸入第一个标准缓冲溶液，缓慢水平搅拌，避免产生气泡，待读数稳定后，调节仪器示值与标准缓冲溶液的 pH 值一致。(2) 用蒸馏水冲洗电极并用滤纸边缘吸去电极表面水分，将电极浸入第二个标准缓冲溶液中，缓慢水平搅拌，避免产生气泡，待读数稳定后，调节仪器示值与标准缓冲溶液的 pH 值一致。重复 (1) 操作，待读数稳定后，仪器的示值与标准缓冲溶液的 pH 值之差应小于等于 0.05。否则，重复步骤 (1) 和 (2)，直至合格。

样品测定：用蒸馏水冲洗电极并用滤纸边缘吸去电极表面水分，根据使用的仪器取适量样品或直接测定，并立即将电极浸入样品中，缓慢水平搅拌，避免产生气泡。待读数稳定后记下 pH 值。每个样品测定后用蒸馏水冲洗电极。

注意事项：电极长期处于干燥状态，先在饱和 KCl 溶液中浸泡 24 h 后再使用。为了提高测定的准确度，校准仪器时选用的标准缓冲溶液的 pH 值应与水样的 pH 值接近。测定时，复合电极（含球泡部分）应全部浸入溶液中。为防止空气中二氧化碳溶入水样或逸出水样，测定前不宜提前打开水样瓶塞。电极受污染时，可用低于 1 mol/L 稀盐酸溶解无机盐垢，用稀洗涤剂（弱碱性）除去有机油脂类物质，用稀乙醇、丙酮、乙醚除去树脂高分子物质，用酸性酶溶液（如干酵母片）除去蛋白质血球沉淀物，用稀漂白液、过氧化氢除去颜料类物质等。运用便携式 pH 计，在现场测定 pH 值，测定时，应适当进行搅拌，使溶液均匀并达到电化学平衡，而在读数时，则应停止搅动、静置片刻，以使读数稳定，或酸度计 1 min 内读数变化小于 0.05 即可视为读数稳定。由于 pH 值受水温影响较大，因此测定时应启用温度补偿装置，校正温度电极信号的影响。在测定实际样品时，需采用 pH 值相近（不得大于 3）的有证标准样品或标准物质核查。

3.3.3 废水流量测定

主要设备：罗浆式流速仪、超声波流速仪等。

测量原则：污染源的污水排放渠道，在已知其“流量-时间”排放曲线波动较小，用瞬时流量代表平均流量所引起的误差可以允许时（小于10%），则在某一时段内的任意时间测得的瞬时流量乘以该时段的时间即为该时段的流量。

如排放污水的“流量-时间”排放曲线虽有明显波动，但其波动有固定的规律，可以用该时段中几个等时间间隔的瞬时流量来计算出平均流量，则可定时进行瞬时流量测定，在计算出平均流量后再乘以时间得到流量。

如排放污水的“流量-时间”排放曲线，既有明显波动又无规律可循，则必须连续测定流量，流量对时间的积分即为总流量。

已安装自动污水流量计，且通过计量部门检定或通过验收的，可采用流量计的流量值。采用明渠流量计测定流量，应按照标准 CJ/T 3008.1～5 等相关技术要求修建或安装标准化计量堰（槽）。

排污渠道的截面底部须硬质平滑，截面形状为规则几何形，排放口处须有 3～5 m 的平直过流水段，且水位高度不小于 0.1 m。通过测量排污渠道的过水截面积，以流速仪测量污水流速，计算污水量。

在以上流量测量方法不满足条件无法使用时，可用统计法、水平衡计算等方法。

测量方法：污水流量的测量方法主要有污水流量计法（污水流量计的性能指标必须满足污水流量计技术要求）、容积法、流速仪法、量水槽法和溢流堰法等。

容积法：将污水纳入已知容量的容器中，测定其充满容器所需要的时间，从而计算污水量的方法。本法简单易行，测量精度较高，适用于计量污水量较小的连续或间歇排放的污水。对于流量小的排放口用此方法，但溢流口与受纳水体应有适当落差或能用导水管形成落差。

流速仪法：通过测量排污渠道的过水截面积，以流速仪测量污水流速，计算污水量。适当地选用流速仪，可用于很宽范围的流量测量。多数用于渠道较宽的污水量测量。测量时需要根据渠道深度和宽度确定点位垂直测点数和水平测点数。本方法简单，但易受污水水质影响，难用于污水量的连续测定。排污截面底部需硬质平滑，截面形状为规则几何形，排污口处须有 3～5 m 的平直过流水段，且水位高度不小于 0.1 m。

量水槽法：在明渠或涵管内安装量水槽，测量其上游水位可以计量污水量。常用的有巴氏槽。用量水槽测量流量与溢流堰法相比，同样可以获得较高的精度（±2%～±5%）和进行连续自动测量。其优点为水头损失小、壅水高度小、底部冲刷力大，不易沉积杂物。但造价较高，施工要求也较高。

溢流堰法：是在固定形状的渠道上安装特定形状的开口堰板，过堰水头与流量有固定关系，据此测量污水流量。根据污水量大小可选择三角堰、矩形堰、梯形堰等。溢流堰法精度较高，在安装液位计后可实行连续自动测量。为进行连续自动测量液位，已有的传感器有浮子式、电容式、超声波式和压力式等。

利用堰板测流，由于堰板的安装会造成一定的水头损失，另外，固体沉积物在堰前堆积或藻类等物质在堰板上黏附均会影响测量精度。

在排放口处修建的明渠式测流段要符合流量堰（槽）的技术要求。

以上方法均可选用，但在选定方法时，应注意各自的测量范围和所需条件。在以上方法无法使用时，可用统计法。

如污水为管道排放，所使用的电磁式或其他类型的流量计应定期进行计量检定。

3.4　现场监测质量控制和质量保证

为保证水质采样的代表性和规范性，必须采取相应的质量控制与保证措施。废水现场监测仪器必须经过检定或校准合格后方可投入使用，使用中的仪器设备按周期检定、校准计划送检。用于监测并对结果有影响的每台仪器设备均粘贴唯一性标识与“三色标识”（合格、准用、停用）表明其受控及校准状态，标识上要标明仪器设备编号、校准日期、有效期、校准单位等。为保证水质采样的代表性和规范性，必须采取相应的质量控制与保证措施。

（1）采样人员必须通过岗前培训，切实掌握采样技术，熟知水样固定、保存、运输条件，掌握现场监测仪器性能，并通过考核持证上岗。

（2）采样用试剂购置选择合格供应商。到货检验时，需对所购试剂的外观、包装、规格、生产日期及提供的证书进行检查。

（3）采样器具材质应符合相关技术规定，选择适合监测项目的材质，不得引入二次污染。采样瓶应按照规范进行清洗。

（4）采样断面应有明显的标志物，采样人员不得擅自改动采样位置。

（5）采样时，除细菌总数、大肠菌群、油类、DO、BOD5、有机物、余氯等有特殊要求的项目外，要先用采样水荡洗采样器与水样容器 2～3 次，然后再将水样采入容器中。

（6）水样采集后应在现场根据所测项目的保存要求添加固定剂固定，并颠倒摇动数次，使固定剂在水样中均匀分散（其中石油类样品添加固定剂后需缓慢摇动混匀，不得颠倒摇动）。

（7）固定剂添加完成后，应贴好标签（标签应使用正规的不干胶标签，且涵盖任务名称、点位名称、采样时间、具体项目、固定剂名称、采样人员等信息）。

（8）每批水样，应按分析方法的要求采集全程序空白样品，（除现场监测项目、悬浮物、石油类、动植物油类、微生物等）均应按分析方法的要求采集现场平行样品，每一批次水样应采集不少于10%的现场平行样品，样品数量较少时，每一批次至少做1份样品的现场平行样品。平行样品和全程序空白样品与水样一起送实验室分析。

3.5 废水采样现场记录

现场记录应包含以下内容：监测目的、排污单位名称、气象条件、采样日期、采样时间、现场测试仪器型号与编号、采样点位、生产工况、污水处理设施处理工艺、污水处理设施运行情况、污水排放量/流量、现场测试项目和监测方法、水样感官指标的描述、采样项目、采样方式、样品编号、保存方法、采样人、复核人、排污单位人员及其他需要说明的有关事项等，具体格式可自行制订，也可参照附录2-1～2-2。

3.6 废水采样安全

现场监测人员须树立安全防范意识，采样过程中采取必要的安全措施。监测人员应身体健康，适应采样工作，至少需2人同时在场。采样过程中配备必要的防护设备和急救用品，如头盔、防护手套、救生衣、手电筒等必要的防护设备和藿香正气水、跌打损伤药、创可贴等急救用品等。

第 4 章　废气污染源现场监测技术

工业的快速发展造成了日趋严重的大气环境污染，给人们的身体健康带来了巨大威胁。当前，大气环境污染问题受到人们广泛关注，党的十八大以来，国家高度重视生态环境治理，坚持以习近平生态文明思想为指导，以“两山论”为核心，以绿色、健康、发展为目标，大力推进生态文明建设。为使生态环境得到有效改善，国家加大环境监测力度，从资金、理念、技术、制度等多个方面予以支撑。固定源废气监测是环境监测的关键环节，其监测结果的精准性对于环境整治有着直接影响，国家还将其纳入政府法律法规当中，以期实现监测工作规范化、标准化。

本章以环境监测标准体系中废气监测类标准为基础，从废气监测前期准备、点位布设、现场采样等环节进行了逐一剖析。

4.1　有组织排放废气监测

污染源有组织废气监测是环境监测中的重要部分，污染源有组织废气如果不能得到有效的控制和管理，会对环境造成极大的影响，因此，需要加强对污染源有组织废气的监测工作。科学地实施污染源有组织废气监测的采样工作，并妥善处理污染源有组织废气监测采样中的注意事项，提高监测采样的质量，获得准确可靠的数据信息，为污染源有组织废气治理提供有效数据，规避污染源有组织废气的毒害作用对生态系统和人们的健康造成影响，提高人们的生活质量。

4.1.1　有组织废气监测方案

收集相关的技术资料，了解产生废气的生产工艺过程及生产设施的性能、排放的主要污染物种类及排放浓度大致范围，以确定监测项目和监测方法。调查污染源的污染治理设施的净化原理、工艺过程、主要技术指标等，以确定监测内容。调查生产设施的运行工况、污染物排放方式和排放规律，以确定采样频次及采样时间。现场勘察污染源所处位置和数目，废气输送管道的布置及断面的形状、尺寸，废气输送管道周围的环境状况，废气的去向及排气筒高度等，以确定采样位置及采样点数量。收集与污染源有关的其他技术资料。根据监测目的、现场勘察和调查资料，编制切实可行的监测方案。监测方案的内容应包括污染源概况、监测目的、评价标准、监测内容、监测项目、采样位置、采样频次及采样时间、采样方法、分析测定技术、监测报告要求、质量保证措施等。对于工艺过程较为简单，监测内容较为单一，经常性重复的监测任务，监测方案可适当简化。

4.1.2　有组织废气监测前的准备及注意事项

根据监测方案确定的监测内容，准备现场监测和实验室分析所需仪器设备。属于国家强制检定目录内的工作计量器具，必须按期送计量部门检定，检定合格，取得检定证书后方可用于监测工作。测试前还应进行校准和气密性检验，使其处于良好的工作状态。被测单位应积极配合监测工作，保证监测期间生产设备和治理设施正常运行，工况条件符合监测要求。在确定的采样位置开设采样孔，设置采样平台，采样平台应有足够的工作面积，保证监测人员安全及方便操作。设置监测仪器设备需要的工作电源。准备现场采样和实验室所需的化学试剂、材料、器具、记录表格和安全防护用品。

在现场监测期间，应有专人负责对被测污染源工况进行监督，保证生产设备和治理设施正常运行，工况条件符合监测要求。通过对监测期间主要产品产量、主要原材料或燃料消耗量的计量和调查统计，以及与相应设计指标的比对，核算生产设备的实际运行负荷和负荷率。相关标准中对监测时工况有规定的，按相关标准的规定执行。除相关标准另有规定，对污染源的日常监督性监测，采样期间的工况应与平时的正常运行工况相同。建设项目竣工环境保护验收监测应在工况稳定、生产负荷达到设计生产能力的75%以上（含75%）情况下进行。对于无法调整工况达到设计生产能力的75%以上负荷的建设项目：（1）可以调整工况达到设计生产能力75%以上的部分，验收监测应在满足75%以上负荷或国家及地方标准中所要求的生产负荷的条件下进行；（2）无法调整工况达到设计生产能力75%以上的部分，验收监测应在主体工程稳定、环保设施运行正常，并征得环保主管部门同意的情况下进行，同时注明实际监测时的工况。国家、地方相关标准对生产负荷另有规定的按规定执行。

4.1.3　监测位置与监测点位

1. 布点原则

有组织排放污染源有害物质的测定，通常是用采样管从烟道中抽取一定体积的烟气，通过捕集装置将有害物质捕集下来，然后根据捕集的有害物量和抽取的烟气量，求出烟气中有害物质的浓度。根据有害物质的浓度和烟气的流量计算其排放量。这种测试方法的准确性很大程度取决于抽取烟气样品的代表性，这就要求选择正确的采样位置和采样点。布点原则如下：

① 点位的代表性原则，选择有代表性的采样点；

② 点位的可接近性原则，选择易于到达的采样位置；

③ 点位的可操作性原则，选择能实施采样的地点；

④ 点位的安全性原则，选择安全可靠的采样位置。

与有关标准布点要求的符合性，在许可的条件下，尽量与标准的要求一致。当不一致以及监测点位又无法更改时，应考虑增加测点数。

2. 采样位置

① 采样位置应优先选择在垂直管段，应避开烟道弯头和断面急剧变化的部位。采样位置应设置在距弯头、阀门、变径管下游方向不小于 6 倍直径，和距上述部件上游方向不小于 3 倍直径处。对矩形烟道，其当量直径 $D=2AB/(A+B)$，式中 A、B 为边长。

② 测试现场空间位置有限，很难满足上述要求时，则选择比较适宜的管段采样，但采样断面与弯头等的距离至少是烟道直径的 1.5 倍，并应适当增加测点的数量和采样频次。采样断面的气流最好在 5 m/s 以上。

③ 对于气态污染物，由于混合比较均匀，其采样位置可不受上述规定限制，但应避开涡流区。如果同时测定排气流量，采样位置仍按①选取。

④ 采样位置应避开对测试人员操作有危险的场所。

⑤ 必要时应设置采样平台，采样平台应有足够的工作面积使工作人员安全、方便地操作。平台面积应不小于 1.5 m^2，并设有 1.1 m 高的护栏，采样孔距平台面高度为 1.2～1.3 m。

3. 采样孔和采样点

烟道内同一断面各点的气流速度和烟尘浓度分布通常是不均匀的。因此，必须按照一定原则在同一断面内进行多点测量，才能取得较为准确的数据。断面内测点的位置和数目主要根据烟道断面的形状、尺寸大小和流速分布均匀情况而定，不同形状的烟道，其采样孔和采样点的设置按下述方法确定。

在选定的测定位置上开设采样孔，采样孔的内径应不小于 80 mm，采样孔管长应不大于 50 mm。不使用时应用盖板、管堵或管帽封闭。当采样孔仅用于采集气态污染物时，其内径应不小于 40 mm。

对正压下输送高温或有毒气体的烟道，应采用带有闸板阀的密封采样孔。对圆形烟道，采样孔应设在包括各测点在内的互相垂直的直径线上；对矩形或方形烟道，采样孔应设在包括各测点在内的延长线上。

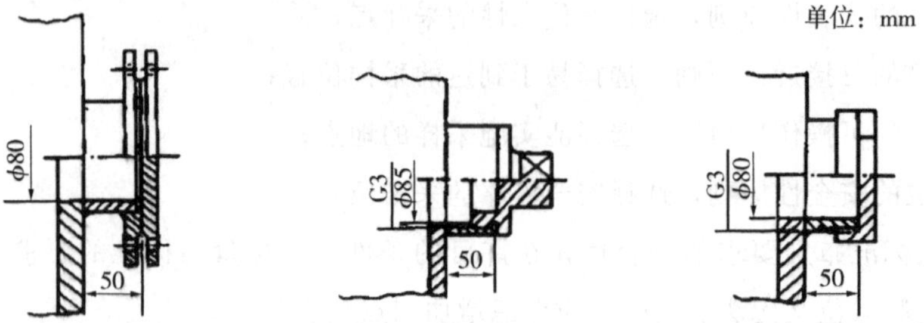

（a）带有盖板的采样孔　（b）带有管堵的采样孔　（c）带有管帽的采样孔

图 4-1　几种采样孔类型

4. 采样点的位置和数目

（1）圆形烟道

将烟道分成适当数量的等面积同心环，各测点选在各环等面积中心线与呈垂直相交的两条直径线的交点上，其中一条直径线应在预期浓度变化最大的平面内，如当测点在弯头后，该直径线应位于弯头所在的平面。可只选预期浓度变化最大的一条直径线上的测点。对直径小于 0.3 m、流速分布比较均匀、对称的小烟道，可取烟道中心作为测点。不同直径的圆形烟道的等面积环数、测量直径数及测点数不同，原则上测点不超过 20 个。

（2）矩形或方形烟道

将烟道断面分成适当数量的等面积小块，各块中心即为测点。小块的数量按图 4-2 的规定选取。原则上测点不超过 20 个。烟道断面面积小于 0.1 m^2，流速分布较均匀、对称的，可取断面中心作为测点。

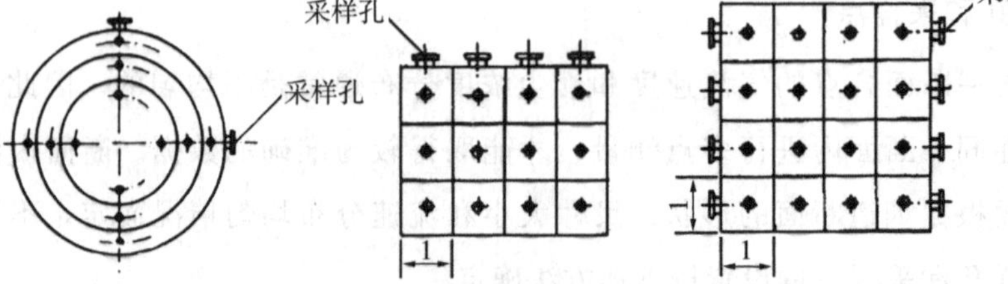

图 4-2　烟道中采样点位置图

4.1.4　采样时间与采样频次

采样频次和时间的确定应满足排放标准或分析方法标准的要求，并充分考虑实施监测的目的和要求、污染源污染物排放特点以及选用方法的检出限。采样频次和时间按照标准 GB/T 16157—1996、HJ/T 397—2007 要求进行，同时应符合具体监测行为适用的排放标准和分析方法标准要求。

除相关标准规定外，对于常规气态污染物，排气筒中废气以连续 1 h 的采样获取平均值，或在 1 h 内，以等时间间隔采集 3～4 个样品，并计算平均值。若某排气筒的排放为间断性排放，排放时间小于 1 h，应在排放时段内实行连续采样，或在排放时段内等间隔采集 2～4 个样品，并计算平均值；若某排气筒的排放为间断性排放，排放时间大于 1 h，则应在排放时段内按连续排放的要求采样。

除相关标准规定外，对于挥发性有机物，如排放源连续排放时间大于 1 h 的，应在其生产状况、排放状况稳定情况下进行采样，连续采样时间不小于 45 min，或在 1 h 内以等时间间隔恒流或瞬时采集 3～4 个样品，其测试平均值作为小时浓度；如为间歇性排放源，其排放时间小于 1 h 的，应在排放时段内连续采样，总时间不小于 45 min，或在排放时段内恒流或瞬时采集 3～4 个样品，计算其平均值作为小时浓度。

对于储罐类排放采样，应在其加注、输送操作时段内采样；在测试挥发性有机物处理效率时，应避免在装置或设备启停等不稳定工况条件下采样。

对于恶臭有组织排放源采样，按生产周期确定采样频次，样品采集次数不少于 3 次，取其最大测定值。生产周期在 8 h 以内的，采样间隔不少于 2 h；生产周期大于 8 h 的，采样间隔不少于 4 h。间歇有组织排放源应在恶臭污染浓度最高时段采样，样品采集次数不少于 3 次，取其最大测定值。

对于建设项目竣工环境保护验收监测，应按照《关于发布〈建设项目竣工环境保护验收技术指南 污染影响类〉的公告》（生态环境部公告 2018 年第 9 号）附件相关要求，对有明显生产周期、污染物稳定排放的建设项目，污染物的采样和监测频次一般为 2～3 个周期，每个周期不少于 3 次（不应少于执行标准中规定的次数）；对无明显生产周期、污染物稳定排放、连续生产的建设项目，废气采样和监测频次一般不少于 2 天、每天不少于 3 个样品，对污染物排放不稳定的建设项目，应适当增加采样频次。

日常执法监测时，按《环境行政处罚办法》第三十七条规定："环境保护主管部门在对排污单位进行监督检查时，可以现场即时采样，监测结果可以作为判定污染物排放是否超标的证据。"2007 年《关于环保部门现场检查中排污监测方法问题的解释》（原国家环境保护总局公告 2007 年第 16 号），作出规定："排放标准中规定的污染物排放方式、排放限值等是判定排污行为是否超标的技术依据，在任何时间、任何情况下，排污单位的排污行为均不得违反排放标准中的有关规定。”《关于环境行政处罚即时采样问题的复函》（环办法规函〔2018〕1246号）明确：“现场即时采样是指现场检查时可以取一个样品进行监测，监测结果可以作为判定污染物排放是否超标的证据。该样品的采集需按照相关技术规范进行。”

4.1.5 现场测定

1. 温度的测定

废气排放中计量污染物浓度和排放量时，实行的是标准状态下干烟气的计量标准，所以对于流量、颗粒物浓度、SO_2浓度、NO_x浓度、O_2浓度等数据需要根据测量的烟气温度进行标准状态体积的修正。烟气温度测定方法一般有热电偶温度计法、电阻温度计法、水银玻璃温度计法等。

测量位置和测点，一般情况下可在靠近烟道中心的一点测定。

（1）仪器

① 热电偶或电阻温度计，其示值误差不大于±3 ℃。

② 水银玻璃温度计，精确度应不低于2.5%，最小分度值不大于2 ℃。

（2）烟气温度热电偶测定原理

2种不同成分的导体（称为热电偶丝材或热电极）两端接合成回路，当接合点的温度不同时，在回路中就会产生电动势，这种现象称为热电效应，而这种电动势称为热电势。热电偶就是利用这种原理进行温度测量的，其中直接用作测量介质温度的一端叫作工作端（也称为测量端），另一端叫作冷端（也称为补偿端）；一般将工作端安装在烟枪的头部，冷端与烟气分析仪主机相连接，烟气分析仪会指出热电偶所产生的热电势，从而得到烟气温度。

（3）测定步骤

将安装有测温单元的烟枪用数据电源线与测试主机相连接，温度测量单元插入烟道中测点处，封闭测孔，待温度计读数稳定后读数。

（4）注意事项

① 热电偶在对待测物质进行测温时，位置的选择十分重要，对其精确度影响较大。一旦插入深度不达使用标准，热电偶工作误差就会随之增大。

② 使用玻璃温度计时，要原位读数，注意不可将温度计抽出烟道外读数而影响温度测试的准确性。

③ 在烟气比对监测时，由于烟气温度在烟道中分布不一定均匀，因此手工监测温

度的位置要与在线温度监测的位置基本保持一致。

④ 一般玻璃温度计较短，不适用于截面积过大的烟道。

2. 含湿量的测定

废气排放中计量污染物浓度和排放量时，实行的是标准干烟态下的计量标准，所以对于流量、颗粒物浓度、SO_2 浓度、NO_x 浓度、O_2 浓度等数据需要根据测量的烟气湿度进行干烟态的修正。

现行有效的含湿量测定方法有：冷凝法、重量法、干湿球法、阻容法等。现场监测中使用最多的一般是干湿球法和阻容法。测量位置和测点，一般情况下可在靠近烟道中心的一点测定。

（1）冷凝法

冷凝法原理由烟道中抽取一定体积的排气使之通过冷凝器，根据冷凝出来的水量，加上从冷凝器排出的饱和气体含有的水蒸气量，计算排气中的水分含量。

（2）重量法

重量法原理由烟道中抽取一定体积的排气，使之通过装有吸湿剂的吸湿管，排气中的水分被吸湿剂吸收，吸湿管的增重即为已知体积排气中含有的水分量。

（3）干湿球法

干湿球法是使气体在一定的速度下流经干、湿球温度计，根据干、湿球温度计的读数和测点处排气的压力，计算出排气的水分含量。

干湿球法测定步骤：① 连接好烟枪与烟气分析仪的主气泵；② 检查烟枪上湿球温度计的湿球表面纱布是否完好，然后将水注入盛水容器中，把纱布条浸没在盛水容器内；③ 打开采样孔，清除孔中的积灰，将采样管插入烟道中心位置，封闭采样孔；④ 当排气温度较低或水分含量较高时，采样管应保温或加热数分钟后，再开动抽气泵；⑤ 当干湿球温度计温度稳定后，烟气自动分析仪给出相应烟气含湿量数值。

（4）阻容法

《固定污染源废气湿度的测定阻容法》(T/SSESB 1—2020)，方法检出限为 0.20%，测定下限为 0.80%，测定上限为 40%。

① 方法原理

废气中的水分子渗透扩散至电容湿敏元件引起阻抗变化，根据湿度和阻容值的函数关系，计算得出废气湿度。

② 干扰及消除

废气中的颗粒物容易污染湿度传感器，应采用过滤器除尘等方法消除或减少废气中颗粒物对仪器的污染。

③ 仪器和设备

阻容法湿度测定仪组成：样品采集传输单元、预处理单元、分析单元和数据采集处理单元。

（a）样品采集传输单元，包括采样探头、传输管线和加热装置等。

（b）预处理单元，指过滤装置，具备防水、防尘功能，预处理单元的材料和安装应不影响测定结果。

（c）分析单元，用于湿度测定分析的阻容式传感器，具备温度、压力补偿功能和校准功能。

（d）数据采集处理单元，用于数据的采集处理，应具备记录存储和打印功能。

④ 性能要求

（a）示值误差：校准量程≤5.00%时，绝对误差不超过±0.75%；校准量程>5.00%时，相对误差不超过±15%。

（b）响应时间：≤60 s。

⑤ 含湿量测定

按仪器使用说明书，正确连接仪器各部分组成，将采样探头放置在排气筒中的规定位置，堵严采样孔，使之不漏气。待仪器读数稳定后即可记录读数，每分钟保存一个均值，至少连续取样 5～15 min 测定数据的平均值，作为一次样品测定值。全部样品测定完成后，将仪器探头取出置于环境空气中，清洗仪器，待仪器读数稳定在环境湿度后，确认清洗完成。先关闭电源，再断开仪器各部分连接，结束测定。

⑥ 质量保证和质量控制

每月至少进行一次零点核查，仪器读数应不大于 0.20%。每年至少开展一次仪器使用期间的核查工作，核查内容至少包括多点示值误差（<20%C. S.，40%～60% C. S.，80%～100%C. S.）和响应时间，核查频次依据仪器使用环境和频率、历次检定或校准结果等情况确定。核查结果应满足相应的要求。

⑦ 注意事项

（a）进入仪器的废气温度应不高于 180 ℃。

（b）测定前应清洁仪器过滤装置，确保采样管路畅通，并检查仪器加热功能是否正常。

（c）测定时仪器应有良好接地，避免对仪器和人员造成伤害。

3. 氧含量的测定

燃料在燃烧过程中会消耗氧气，燃料的燃烧是一个氧化过程。理论上讲，燃料在燃烧以后所产生的烟气中不应含有氧气，氧气在燃烧过程中被消耗掉了，但现有的技术还达不到完全利用空气中的氧。为了防止人为地把干净空气掺入到烟气中去稀释排放，在诸多烟气排放标准中都规定了基准氧含量这个指标（如电力行业燃煤 6%，水泥行业 10%，危险废物焚烧 11%等）。所以在检测的时候，除了检测有害物质的含量以外，还要检测烟气中的氧含量，以剔除烟气中掺入的干净空气的影响。氧的监测方法主要有电化学法、热磁式氧分仪法、氧化锆氧分仪法。

（1）电化学法测定 O_2

① 原理

被测气体中的氧气，通过传感器半透膜充分扩散进入铅镍合金-空气电池内。经电化学反应产生电能，其电流大小遵循法拉第定律与参加反应的氧原子摩尔数成正比，放电形成的电流经过负载形成电压，测量负载上的电压大小得到氧含量数值。

② 仪器

(a) 测氧仪，由气泵、流量控制装置、控制电路及显示屏组成。

(b) 采样管及样气预处理器。

③ 测定步骤

按仪器使用说明书的要求连接气路，并对气路系统进行漏气检查，开启仪器气泵，当仪器自检完毕，表明工作正常后，将采样管插入被测烟道中心或靠近中心处，抽取烟气进行测定，待氧含量读数稳定后，读取数据。

（2）热磁式氧分仪法测定 O_2

① 原理

氧受磁场吸引的顺磁性比其他气体强许多，当顺磁性气体在不均匀磁场中，且具有温度梯度时，就会形成气体对流，这种现象称为热磁对流，或称为磁风。磁风的强弱取决于混合气体中含氧量多少。通过把混合气体中氧含量的变化转换成热磁对流的变化，再转换成电阻的变化，测量电阻的变化，就可得到氧的百分含量。

② 仪器

(a) 热磁式氧分仪。

(b) 采样管及样气预处理器。

③ 测定步骤

按仪器使用说明书的要求连接气路，并对气路系统进行漏气检查。开启仪器气泵，当仪器自检完毕，表明工作正常后，将采样管插入被测烟道中心或靠近中心处，抽取烟气进行测定，待指示稳定后读取氧含量数据。

（3）氧化锆氧分仪法测定 O_2

① 原理

利用氧化锆材料添加一定量的稳定剂以后，通过高温烧成，在一定温度下成为氧离子固体电解质。在该材料两侧焙烧上铂电极，一侧通气样，另一侧通空气，当两侧氧分压不同时，两电极间产生浓差电动势，构成氧浓差电池。由氧浓差电池的温度和参比气体氧分压，便可通过测量仪表测量出电动势，换算出被测气体的氧含量。

② 仪器

(a) 氧化锆氧分仪。

(b) 采样管及样气预处理器。

③ 测定步骤

按仪器使用说明书的要求连接气路，并对气路系统进行漏气检查。接通电源，按仪器使用说明书要求的加热时间使监测器加热炉升温。开启仪器气泵，当仪器自检完毕，表明工作正常后，将采样管插入被测烟道中心或靠近中心处，抽取烟气进行测定，待指示稳定后读取氧含量数据。

4. 排气流速、流量的测定

(1) 原理

排气的流速与其动压的平方根成正比，根据测得某测点处的动压、静压以及温度等参数，计算出排气流速以及流量。

(2) 仪器

① 标准型皮托管。标准型皮托管是一个弯成90°的双层同心圆管，前端呈半圆形，正前方有一开孔，与内管相通，用来测定全压。在距前端6倍直径处外管壁上开有一圈孔径为1 mm的小孔，通至后端的侧出口，用来测定排气静压。按照上述尺寸制作的皮托管其修正系数K_p为0.99±0.01。标准型皮托管的测孔很小，当烟道内颗粒物浓度大时，易被堵塞。它适用于测量较清洁的排气。

② S型皮托管。S型皮托管是由两根相同的金属管并联组成。测量端有方向相反的两个开口，测定时，面向气流的开口测得的压力为全压，背向气流的开口测得的压力小于静压。S型皮托管其修正系数K_p为0.84±0.01。制作尺寸与上述要求有差别的S型皮托管的修正系数需进行校正。其正、反方向的修正系数相差应不大于0.01。S型皮托管的测压孔开口较大，不易被颗粒物堵塞，且便于在厚壁烟道中使用。

(3) 测定步骤

① 将S型皮托管末端用连接管与烟气分析仪正负压检测器相连。

② 将S型皮托管插入采样孔，使S型皮托管开孔平面垂直于测量断面插入。

③ 在各测点上，使皮托管的全压测孔正对着气流方向，其偏差不得超过10°，测出各点的动压，分别记录在表中。重复测定一次，取平均值。

④ 在各测点上移动监测全压的过程中，将各测点全压保存在烟气分析仪内，烟气

分析仪根据各测点全压及静压计算出烟气流速。

（4）排气流速的计算

① 测点流速计算

测点气流速度 V_s 按下式进行计算：

$$V_s = K_p \sqrt{\frac{2P_d}{\rho_s}} = 128.9K_p \sqrt{\frac{(273+t_s)P_d}{M_s(B_a+P_s)}}$$

式中：V_s 为湿排气的气体流速，m/s；V_a 为常温常压下通风管道的空气流速，m/s；B_a 为大气压力，Pa；K_p 为皮托管修正系数；P_d 为排气动压，Pa；P_s 为排气静压，Pa；ρ_s 为湿排气的密度，kg/m^3；M_s 为湿排气的分子量，kg/kmol；t_s 为排气温度，℃。

② 排气流量的计算

工况下湿排气流量 Q_s 按以下公式计算：

$$Q_s = 3\,600 \times F \times V_s$$

式中：Q_s 为工况下湿排气流量，m^3/h；F 为测定断面面积，m^2；V_s 为测定断面湿排气平均流速，m/s。

③ 标准状态下干排气流量 Q_{sn} 按以下公式计算：

$$Q_{sn} = Q_s \times \frac{B_a+P_s}{101\,325} \times \frac{273}{273+t_s}(1-X_{sw})$$

式中：Q_{sn} 为标准状态下干排气流量，m^3/h；B_a 为大气压力，Pa；P_s 为排气静压，Pa；t_s 为排气温度，℃；X_{sw} 为排气中水分含量体积百分数，%。

4.2　固定污染源颗粒物的监测

颗粒物是指燃料和其他物质在燃烧、合成、分解以及各种物料在机械处理中所产生的悬浮于排放气体中的固体和液体颗粒状物质。现行有效的监测方法为《固定污染源废气低浓度颗粒物的测定重量法》（HJ 836—2017）和《固定污染源排气中颗粒物测定与气态污染物采样方法》（GB/T 16157—1996）。根据 GB/T 16157—1996 标准修改单的规定，颗粒物浓度小于等于 20 mg/m^3，适用 HJ 836—2017 标准；颗粒物浓度大于等于20 mg/m^{3}且不超过 50 mg/m^3，GB/T 16157—1996 标准与 HJ 836—2017 标准同时适用；超过50 mg/m^3，适用 GB/T 16157—1996 标准及修改单。

4.2.1　采样原则

将烟尘采样管由采样孔插入烟道中，使采样嘴置于测点上，正对气流，按颗粒物等速采样原理，抽取一定量的含尘气体。根据采样管滤筒上所捕集到的颗粒物量和同时抽取的气体量，计算出排气中颗粒物浓度。

等速采样颗粒物具有一定的质量，在烟道中，由于本身运动的惯性作用，不能完全随气流改变方向，为了从烟道中取得有代表性的烟尘样品，需等速采样，即气体进入采样嘴的速度应与采样点的烟气速度相等，其相对误差应在±10%以内。气体进入采样嘴的速度大于或小于采样点的烟气速度都将使采样结果产生偏差。由于颗粒物在烟道中的分布是不均匀的，要取得有代表性的烟尘样品，必须在烟道断面按一定的规则多点采样。

4.2.2 采样方法

移动采样用一个滤筒/滤膜采样头在已确定的采样点上移动采样，各点的采样时间相同，求出采样断面的平均浓度。

定点采样每个测点上采一个样，求出采样断面的平均浓度，并了解烟道断面上颗粒物浓度变化情况。

间断采样对有周期性变化的排放源，根据工况变化及其延续时间，分段采样，然后求出其时间加权平均浓度。

维持颗粒物等速采样的方法有普通型采样管法（预测流速法）、皮托管平行测速采样法、动压平衡型采样管法和静压平衡型采样管法等 4 种。可根据不同测量对象状况，选用其中的一种方法。应尽可能采用自动调节流量烟尘采样仪，以减少采样误差，提高工作效率。

4.2.3 采样前准备工作

颗粒物常规浓度滤筒采样法（适用 GB/T 16157—1996 标准）滤筒处理和称重。用铅笔将滤筒编号，在 105～110 ℃烘烤 1 h，取出放入干燥器中，在恒温恒湿的天平室中冷却至室温，用感量 0.1 mg 天平称量，2 次称量重量之差应不超过 0.5 mg。当滤筒在 400 ℃以上高温排气中使用时，为了减少滤筒本身减重，应预先在 400 ℃高温箱中烘烤 1 h，然后放入干燥器中冷却至室温，称量至恒重。放入专用的容器中保存。

低浓度颗粒物滤膜采样头采样法（适用 HJ 836—2017 标准）采样前，在去离子水介质中用超声波清洗前弯管、密封铝圈和不锈钢托网，清洗 5 min 后再用去离子水冲洗干净，以去除各部件上可能吸附的颗粒物。将上述部件放置在烘箱内烘烤，烘烤温度 105～110 ℃，烘干至少 1 h。石英材质滤膜应烘焙 1 h，烘焙温度为 180 ℃或大于烟温

20 ℃（取两者较高的温度）。冷却后，将滤膜和不锈钢托网用密封铝圈同前弯管封装在一起，放入恒温恒湿设备平衡至少 24 h。

1. 采样前称量

选定已按处理平衡后的采样头，在恒温恒湿设备内用天平称重，每个样品称量 2 次，每次称量间隔应大于 1 h，2 次称量结果间最大偏差应在 0.20 mg 以内。记录称量结果，以 2 次称量的平均值作为称量结果。当同一采样头 2 次称量中的质量差大于 0.20 mg 时，可将相应采样头再平衡至少 24 h 后称量：如果第二次平衡后称量的质量同上次称量的质量差仍大于 0.20 mg，可将相应采样头再平衡至少 24 h 后称量；如果第三次平衡后称量的质量同上次称量的质量差仍大于 0.20 mg，在确认平衡称量仪器和操作正确后，此样品作废。

2. 采样步骤

（1）采样系统连接用橡胶管将组合采样管的皮托管与主机的相应接嘴连接，将组合采样管的烟尘取样管与洗涤瓶和干燥瓶连接。

（2）仪器接通电源，自检完毕后，输入日期、时间、大气压、管道尺寸等参数。仪器计算出采样点数目和位置，将各采样点的位置在采样管上做好标记。

（3）打开烟道的采样孔，清除孔中的积灰。

（4）仪器压力测量进行零点校准后，将组合采样管插入烟道中，测量各采样点的温度、动压、静压、全压及流速，选取合适的采样嘴/采样头。

（5）含湿量测定装置注水，并将其抽气管和信号线与主机连接，将采样管插入烟道，测定烟气中水分含量。

（6）记下滤筒/滤膜采样头的编号，将已称重的滤筒装入采样管内，旋紧压盖，注意采样嘴与皮托管全压测孔方向一致。

（7）设定每点的采样时间，输入滤筒/滤膜采样头的编号，将组合采样管插入烟道中，密封采样孔。

（8）使采样嘴及皮托管全压测孔正对气流，位于第一个采样点。启动抽气泵，开始采样。第一点采样时间结束，仪器自动发出信号，立即将采样管移至第二采样点继续进行采样。以此类推，顺序在各点采样。采样过程中，采样器自动调节流量保持等速采样。

（9）采样完毕后，从烟道中小心地取出采样管，注意不要倒置。用镊子将滤筒取出/取出滤膜采样头，放入专用的容器中保存。

（10）用仪器保存和打印出采样数据。

4.2.4 样品运输与保存

(1) 应根据 GB/T 16157—1996 标准、HJ/T 397—2007 标准及具体监测行为适用的分析方法，正确选择使用采样容器，确定保存时间。采样容器清洗后的定期抽检记录应存档备查。

(2) 现场采样样品必须逐件与样品登记表、样品标签和采样记录进行核对，核对无误后分类装箱。运输过程中严防样品的损失、混淆和玷污。样品运输过程中应采取避震、避光、封口等防护措施，确保样品性状稳定，避免外界因素影响。有条件时，可优先使用智能化设备记录样品运输路径、保存条件。

(3) 颗粒物样品的保存与运输，按照 GB/T 16157—1996 标准、HJ 836—2017 标准要求执行。

(4) 用气袋采集的样品保存和运输按照 HJ 732—2014、HJ 38—2017、HJ 604—2017、HJ 1006—2018、HJ 1078—2019等标准要求进行，应避光保存。样品应及时分析，一般在采样后 8 h 内完成分析，最长不超过 24 h。

(5) 用吸附管采集的样品保存和运输按照 HJ 734—2017 要求进行，采样后立即用密封帽将采样管两端密封，4 ℃避光保存，在 7 日内完成样品分析。

(6) 用采样罐采集的样品，在常温下保存，采样后及时分析，在 20 天内完成样品分析。

(7) 用注射器采集的样品，立即用内衬聚四氟乙烯的橡皮帽密封，避光保存，应在采样后 8 h 内完成分析。

4.2.5 质量保证与控制

1. 排气参数

排气参数测定的质量保证与质量控制措施按照 HJ/T 373—2007 标准、HJ/T 397—2007 标准执行。

监测期间应有专人负责监督工况，测试期间污染源生产设备、治理设施应处于正常的运行工况并满足相关规定。

在进行排气参数测定和采样时，打开采样孔后应仔细清除采样孔短接管内的积灰，再插入测量仪器或采样探头，并严密堵住采样孔周围缝隙以防止漏气。

排气温度测定时，应将温度计的测定端插入管道中心位置，待温度指示值稳定后读数，不允许将温度计抽出管道外读数。

排气水分含量测定时，采样管前端应装有颗粒物过滤器，采样管应有加热保温措施。应对系统的气密性进行检查。对于直径较大的烟道，应将采样管尽量深地插入烟道，减少采样管外露部分，以防水汽在采样管中冷凝，造成测定结果偏低。

排气压力测定时，应对皮托管、微压计和系统进行气密性检查。使用微压计或电子压差计测定排气压力时，应首先进行零点校准。测定排气压力时皮托管的全压孔要正对气流方向，偏差不得超过 10°。

2. 颗粒物

颗粒物采样的质量保证与质量控制措施按照 HJ/T 373—2007 标准、HJ/T 397—2007 标准及相关方法执行，包括但不限于仪器的检定和校准、监测仪器设备的质量检验、现场监测的质量保证、实验分析质量保证等。

颗粒物的采样必须按照等速采样的原则进行，尽可能使用微电脑自动跟踪采样仪，以保证等速采样的精度，减少采样误差。

采样位置应尽可能选择气流平稳的管段，采样断面最大流速与最小流速之比不宜大于 3 倍，以防仪器的响应跟不上流速的变化，影响等速采样的精度。

采样系统在现场连接安装好以后，应对采样系统进行气密性检查，发现问题及时解决。采样嘴应先背向气流方向插入管道，采样时采样嘴必须对准气流方向，偏差不得超过 10°。采样结束，应先将采样嘴背向气流，迅速抽出管道，防止管道负压将尘粒倒吸。

滤筒在安放和取出采样管时，须使用镊子，不得直接用手接触，避免损坏和玷污，若不慎有脱落的滤筒碎屑，须收齐放入滤筒中；滤筒安放要压紧固定，防止漏气；采样结束，从管道抽出采样管时，不得倒置，取出滤筒后，轻轻敲打前弯管并用毛刷将附在管内的尘粒刷入滤筒中，将滤筒上口内折封好，放入专用容器中保存，注意在运送过程中切不可倒置。

3. 常规气态污染物

常规气态污染物采样及现场测定的质量保证与质量控制措施按照 HJ/T 373—2007 标准、HJ/T 397—2007 标准及相关方法执行，包括但不限于仪器的检定和校准、监测仪器设备的质量检验、现场监测的质量保证、实验分析质量保证等。

废气采样时，应对废气被测成分的存在状态及特性、可能造成误差的各种因素（吸附、冷凝、挥发等），进行综合考虑，来确定适宜的采样方法（包括采样管和滤料材质的选择、采样体积、采样管和导管加热保温措施等）。

采集废气样品时，采样管进气口应靠近管道中心位置，连接采样管与吸收瓶的导管应尽可能短，必要时要用保温材料保温。

采样前，在采样系统连接好以后，应对采样系统进行气密性检查，如发现漏气应分段检查，找出问题，及时解决。使用吸收瓶或吸附管系统采样时，吸收装置应尽可能靠近采样管出口，采样前使排气通过旁路 5 min，将吸收瓶前管路内的空气彻底置换；采样期间保持流量恒定，波动不大于 10%；采样结束，应先切断采样管至吸收瓶之间的气路，以防管道负压造成吸收液倒吸。采样结束后，立即封闭样品吸收瓶或吸附管两端，尽快送实验室进行分析。在样品运送和保存期间，应注意避光和控温。

用便携式仪器直接监测烟气中污染物，为了防止采样气体中水分在连接管和仪器中冷凝干扰测定，输气管路应加热保温，配置烟气预处理装置，对采集的烟气进行过滤、除湿和气液分离。除湿装置应使除湿后气体中被测污染物的损失不大于 5%。用便携式烟气分析仪对烟气 SO_2、NO_x 等测试，应选择抗负压能力大于烟道负压的仪器。

4. 其他要求

现场监测期间，可使用地理信息定位、照相或录音录像等辅助手段，保证现场测试或采样过程客观、真实和可追溯。现场测试和采样应至少有 2 名监测人员在场。

4.3 烟气黑度的测定

固定污染源废气中黑度的测定现行有效的常用现场监测分析方法是《固定污染源排放烟气黑度的测定林格曼烟气黑度图法》(HJ/T 398—2007)。

4.3.1 适用范围

本方法适用于固定污染源排放的灰色或黑色烟气在排放口处黑度的监测，不适用于其他颜色烟气的监测。本方法规定了测定烟气黑度的林格曼烟气黑度图法，包括观测位置和条件、观测方法、计算方法以及标准林格曼烟气黑度图的规格。把林格曼烟气黑度图放在适当的位置上，将烟气的黑度与图上的黑度相比较，由具有资质的观察者用目视观察来测定固定污染源排放烟气的黑度。

4.3.2 仪器设备及测定步骤

林格曼烟气黑度图，计时器（秒表或手表，精度 1 s)、烟气黑度图支架、风向、风速测定仪。

1. 观测位置和条件

应在白天进行观测，观察者与烟囱的距离应足以保证对烟气排放情况进行清晰地观察。林格曼烟气黑度图安置在固定支架上，图片面向观察者，尽可能使图位于观察者至烟囱顶部的连线上，并使图与烟气有相似的天空背景。图距观察者应有足够的距离，以使图上的线条看起来融合在一起，从而使每个方块有均匀的黑度，对于绝大多数观察者这一距离约为 15 m。

观察者的视线应尽量与烟羽飘动的方向垂直。观察烟气的仰视角不应太大，一般情况下不宜大于 45°，尽量避免在过于陡峭的角度下观察。

观察烟气黑度力求在比较均匀的天空光照下进行。如果在太阳光照射下观察，应尽量使照射光线与视线成直角，光线不应来自观察者的前方或后方。雨雪天、雾天及风速大于 4.5 m/s 时，不应进行观察。

2. 观测方法

观察烟气的部位应选择在烟气黑度最大的地方，该部位应没有冷凝水蒸气存在。观察时，将烟囱排出烟气的黑度与林格曼烟气黑度图进行比较，记下烟气的林格曼级数。如烟气黑度处于两个林格曼级之间，可估计一个 0.5 或 0.25 林格曼级数。每分钟观测 4 次，观察者不宜一直盯着烟气观测，而应看几秒钟然后停几秒钟，每次观测（包括观看和间歇时间）约 15 s，连续观测烟气黑度的时间不少于 30 min。

观察混有冷凝水汽的烟气，当烟囱出口处的烟气中有可见的冷凝水汽存在时，应选择在离开烟囱口一段距离，看不到水汽的部位观察。

观察含有水蒸气的烟气，当烟气中的水蒸气在离开烟囱出口的一段距离后，冷凝并且变为可见，这时应选择在烟囱口附近水蒸气尚未形成可见的冷凝水汽的部位观察。

观察烟气宜在比较均匀的天空照明下进行。如在阴天的情况下观察，由于天空背景较暗，在读数时应根据经验取稍偏低的级数（减去 0.25 级或 0.5 级）。

3. 记录

观察者应按现场观测数据记录表格（附录 2）的要求，填写观测日期、被测单位、设备名称、净化设施等内容，并将烟囱距观测点的距离、烟囱位于观测点的方向、风向和风速、天气状况以及烟羽背景的情况逐一填入表内。

烟气黑度的观测值，按规定，每次观测 15 s 记录一个读数，填入观测记录表格。每个读数都应反映 15 s 内黑度的平均值。连续观测烟气黑度的时间 30 min，在此期间进行 120 次观测，记录 120 个读数。对于烟气排放十分稳定的污染源，可酌情减少观测频次，每分钟观测 2 次，每 30 s 记录一个读数，连续观测 30 min，在此期间进行 60 次观测，记录 60 个读数。

4. 计算

按林格曼黑度级别将观测值分级，分别统计每一黑度级别出现的累计次数和时间。

除了在观测过程中出现5级林格曼黑度时，烟气黑度按5级计，不必继续观测外，其他情况都必须连续观测30 min。分别统计每一黑度级别出现的累计时间，烟气黑度按30 min内出现累计时间超过32 min的最大林格曼黑度级计。按以下顺序和原则确定烟气黑度级别：

（1）林格曼黑度5级：30 min内出现5级林格曼黑度时，烟气的林格曼黑度按5级计。

（2）林格曼黑度4级：30 min内出现4级及以上林格曼黑度的累计时间超过2 min时，烟气的林格曼黑度按4级计。

（3）林格曼黑度3级：30 min内出现3级及以上林格曼黑度的累计时间超过2 min时，烟气的林格曼黑度按3级计。

（4）林格曼黑度2级：30 min内出现2级及以上林格曼黑度的累计时间超过2 min时，烟气的林格曼黑度按2级计。

（5）林格曼黑度1级：30 min内出现1级及以上林格曼黑度的累计时间超过2 min时，烟气的林格曼黑度按1级计。

（6）林格曼黑度＜1级：30 min内出现小于1级林格曼黑度的累计时间超过28 min时，烟气的林格曼黑度按＜1级计。

5. 质量保证和质量控制

用林格曼烟气黑度图法鉴定烟气的黑度取决于观察者的观察力和判断能力，观测人员的矫正视力应优于1.0，必须经过技术培训，经考核合格，持证上岗。

应使用符合规范要求的林格曼烟气黑度图，并注意保持图面的整洁。在使用过程中，林格曼烟气黑度图如果被污损或褪色，应及时更换新的图片。

观测前先平整地将林格曼烟气黑度图固定在支架或平板上，支架的材料要求坚固轻便，支架或平板的颜色应柔和自然，不应对观察造成干扰。使用时图面上不要加任何覆盖层，以免影响图面的清晰。

凭视觉所鉴定的烟气黑度是反射光的作用。所观测到的烟气黑度读数，不仅取决于烟气本身的黑度，同时还与天空的均匀性和亮度、风速、烟囱的大小结构（出口断面的直径和形状）及观测时照射光线和角度有关。在现场观测时，对这些因素应充分注意。

一般用林格曼烟气黑度图鉴定黑色烟气效果较好，对于含有较多的水汽或其他结晶物质的白色烟气，效果较差。

林格曼0级的白色图片可以提供一个有关照明的指标，用于发现图上的任何遮阴、照明不均匀。它还可以帮助发现图上的污点。

在观测过程中，要认真做好观测记录，按要求填写记录表，计算观测结果。

除排放标准另有规定或有特殊要求的监测外，一般污染源烟气黑度观测，应在生产设备和环保设施正常稳定运行的工况下进行。

4.4　固定污染源废气无组织排放现场监测技术

无组织排放源有害物质的测定，通常是采集大气中的污染物，在监控点捕捉污染物的最高浓度。监控点的设置，要考虑排放源和建筑物的位置、单位周界围墙的高度和性质、单位区域内的主要地形的变化和气象条件等因素。

4.4.1　监测点位布设

按照 GB 16297—1996 标准所作的规定，我国以控制无组织排放所造成的后果来对无组织排放实行监督和限制。采用的基本方式，是规定设立监控点（即监测点）和规定监控点的空气浓度限值。在 GB 16297—1996 标准中，规定要在 SO_2、NO_x、颗粒物和氟化物的无组织排放源下风向设监控点，同时，在排放源上风向设参照点，以监控点同参照点的浓度差值不超过规定限值来限制无组织排放；规定对其余污染物在单位周界外设监控点和监控点的浓度限值。

1. 设置监控点的位置和数目

根据 GB 16297—1996 标准的规定，SO_2、NO_x、颗粒物和氟化物的监控点设置在无组织排放源下风向 2～50 m 范围内的浓度最高点，相对应的参照点设置在排放源上风向 2～50 m 范围内；其余物质的监控点设置在单位周界外 10 m 范围内的浓度最高点。按规定监控点最多可设 4 个，参照点只设 1 个。

2. 在周界外设置监控点的方法。

（1）一般情况下设置监控点的方法。所谓“一般情况”是指无组织排放源同其下风向的单位周界之间有一定距离，以至可以不必考虑排放源的高度、大小和形状因素，在这种情况下，排放源应可看作一点源。此时监控点（最多可设置 4 个）应设置于平均风向轴线的两侧，监控点与无组织排放源所形成的夹角不超出风向变化的±5°（10 个风向读数的标准偏差）范围之内。

在单位周界外设置监控点的具体位置，还要考虑到围墙的通透性（即围墙的通风透气性质），按下列几种方法设置监控点。

当围墙的通透性很好时，可紧靠围墙外侧设监控点。

当围墙的通透性不好时，亦可紧靠围墙设监控点，但把采气口抬高至高出围墙20～30 cm。

(2) 无组织排放源紧靠围墙时的监控点设置方法。无组织排放源紧靠围墙（单位周界）时，既对监测带来有利的一面，同时也有其特殊的复杂性，此时监控点应分别如下几种情况进行设置。

排放源紧靠某一侧围墙，风向朝向与其相邻或相对之围墙时，如该排污单位的范围不大，排放源距与之相对或相邻的围墙（单位边界）不远，仍可按（1）设置监控点。

如果排放源紧靠某一侧围墙，风向朝向与其相邻或相对之围墙，且排污单位的范围很大，此时在排放源下风向设监控点已失去意义，主要的问题是考察无组织排放对其相近的围墙外是否造成污染和超过标准限值。所以，在这种情况下，应选择风向朝向排放源相近一侧围墙时，在近处围墙外设监控点；或于静风及准静风（风速小于10 m/s）状态下，依靠无组织排放污染物的自然扩散，在近处围墙（单位周界）外设置监控点。

无组织排放源靠近围墙（单位周界）风向朝向排放源近处围墙，且排放源具有一定高度，应根据实际情况设置监控点。

(3) 部分污染物控制标准中有无组织点位布设规定的，按标准中点位布设方法布设监测点位，如《工业炉窑大气污染物排放标准》（GB 9078—1996）中 5.3 要求和《挥发性有机物无组织排放控制标准》（GB 37822—2019）附录 AA.2。

4.4.2 监测时间与监测频次

1. 监测时段的选择

按照 GB 16297—1996 标准的有关规定，“无组织排放监控浓度限值”是指监控点的浓度在任何 1 h 的平均值不得超过的限值。所以，对无组织排放的监督监测，应选择下面列举的各种情况进行：

(1) 被测无组织排放源的排放负荷应处于相对较高的状态，或者至少要处于正常生产和排放状态；

(2) 监测期间的主导风向（平均风向）便利于监控点的设置，并可使监控点和被测无组织排放源之间的距离尽可能缩小；

(3) 在通常情况下，选择冬季微风的日期，避开阳光辐射较强烈的中午时段进行监测是比较适宜的。

2. 监测频次的确定

无组织排放监控点和参照点监测的采样，一般采用连续 1 h 采样计平均值；若浓度偏低，需要时可适当延长采样时间；若分析方法灵敏度高，仅需用短时间采集样品时，应实行等时间间隔采样，采集 4 个样品计平均值。在进行实际监测时，为了捕捉到监控点最高浓度的时段，实际安排的采样时间可超过 1 h。当进行污染事故排放监测时，按需要设置的采样时间和采样频次，不受上述要求限制；建设项目环境保护设施竣工验收监测的采样时间和频次，按《关于发布〈建设项目竣工环境保护验收技术指南 污染影响类〉的公告》（生态环境部公告 2018 年第 9 号）执行。

4.4.3　采样前的准备

1. 被测单位基本情况调查

（1）被测单位的名称、性质和立项建设时间，被测单位的名称应采用其全称，与单位公章所示名称相同。单位的性质是指该单位属企业单位还是事业单位，所属行业和企业规模（大、中、小）。了解被测单位立项建设的时间，是为了确定其应执行现有源还是新建源的排放标准。

（2）主要原、辅材料和主、副产品，相应用量和产量等应重点调查用量大，并可能产生大气污染的材料和产品应列表说明，并予以必要的注解。

（3）单位平面布置图。标出基本方位，车间和其他主要建筑物的位置、名称、尺寸；有组织排放和无组织排放口及其主要参数；排放污染物的种类和排放速率；单位周界围墙的高度和性质（封闭式或通风式）；单位区域内的主要地形变化等。还应对单位周界外的主要环境敏感点，包括影响气流运动的建筑物和地形分布以及有无排放被测污染物的源存在等进行调查，并标于单位平面布置图中。

2. 被测无组织排放源的基本情况调查

除排放污染物的种类和排放速率（估计值）之外，还应重点调查被测无组织排放源的排出口形状、尺寸、高度及其处于建筑物的具体位置等，应有无组织排放口及其所在建筑物的照片。

3. 排放源所在区域的气象资料调查

一般情况下，可向被测污染源所在地区的气象台（站）了解当地的“常年”气象资料，其内容应包括：按月统计的主导风向和风向频率；按月统计的平均风速和最大、最小风速；按月统计的平均气温和气温变化情况等。

如有可能，最好直接了解当地的逆温和大气稳定度等污染气象要素的变化规律。

了解当地“常年”气象资料的目的，是对监测时段的选择做指导。

4.4.4　仪器设备和监测资料准备

1．监测资料准备

GB 16297—1996 标准和 HJ/T 55—2000 标准是无组织排放监测最主要的技术依据；由固定源排放的污染物标准分析方法中有关无组织排放的采样方法和样品分析方法是最重要的方法依据，必须在监测前阅读和理解其中的有关部分。

2．现场风向、风速简易测定仪器准备

通常可用三杯式轻便风向风速表，亦可采用其他具有相同功能的轻便式风向风速表。仪器应通过计量监督部门的性能检定合格，并在使用前做必要调试和检查。

3．采样仪器和试剂准备

在无组织废气采样中一般常规监测项目有颗粒物、SO_2、NO_x、HCl、NH_3、挥发性有机物等监测。

(1) 颗粒物采样前的准备

无组织废气中的颗粒物一般指的是 TSP 和 PM_{10}，均用重量法分析，这两个采样前准备包括采样设备的准备和采样滤膜的准备。

① 采样设备：大流量采样器，采样器采样口的抽气速度为 0.3 m/s，采气流量（工作点流量）为 1.05 m^3/min；中流量采样器，采气流量（工作点流量）为 100 L/min。采样设备流量的大流量和中流量可调，且配备有相应的采样切割头。

② 滤膜：超细玻璃纤维滤膜或聚氯乙烯等有机滤膜，20 cm×25 cm。

滤膜性能：滤膜对 0.3 μm 标准粒子的截留效率不低于 99%，在气流速度为 0.45 m/s时，单张滤膜阻力不大于 35 kPa，在同样气流速度下，抽取经高效过滤器净化的空气 5 h，每平方厘米滤膜失重不大于 0.012 mg，并配有滤膜袋用于存放采样后对折的采尘滤膜。袋面印有编号、采样日期、采样地点、采样人等项栏目。

(2) SO_2 采样前的准备

无组织废气中 SO_2 用甲醛吸收-副玫瑰苯胺分光光度法分析，采样前的准备分为采样设备和吸收试剂的准备。

① 采样设备的准备：多孔玻板吸收管，10 mL 多孔玻板吸收管，用于短时间采样；50 mL 多孔玻板吸收管，用于 24 h 连续采样。用于短时间采样的普通空气采样器，流量范围 0.1～1 L/min，应具有保温装置。用于 24 h 连续采样的采样器应具备恒温、恒流、计时、自动控制开关的功能，流量范围 0.1～0.5 L/min。

② 吸收试剂的准备：甲醛缓冲吸收储备液，吸取 36%～38%的甲醛溶液 5.5 mL，CDTA-2Na 溶液 20.00 mL；称取 2.04 g 邻苯二甲酸氢钾，溶于少量水中；将 3 种溶液合并，再用水稀释至 100 mL，储于冰箱可保存 1 年。甲醛缓冲吸收液，用水将甲醛缓冲吸收储备液稀释 100 倍，临用时现配。

(3) NO_x 采样前的准备

无组织废气中 NO_x 的测定用盐酸萘乙二胺分光光度法，采样前的准备分为采样设备和吸收试剂的准备。

① 仪器设备的准备

(a) 采样器：流量范围 0.1～1.0 L/min。采样流量为 0.4 L/min 时，相对误差小于±5%；

(b) 吸收瓶：可装 10 mL、25 mL 或 50 mL 吸收液的多孔玻板吸收瓶，液柱高度不低于 80 mm。吸收瓶的玻板阻力、气泡分散均匀。使用棕色吸收瓶或采样过程中吸收瓶外罩黑色避光罩。新的多孔玻板吸收瓶或使用后的多孔玻板吸收瓶，应用 HCl 溶液浸泡 24 h 以上，用清水洗净。

② 吸收试剂的准备

(a) 显色液：称取 5.0 g 对氨基苯磺酸溶解于约 200 mL 40～50 ℃热水中，将溶液冷却至室温，全部移入 1 000 mL 容量瓶中，加入 50 mL N-(1-萘基)乙二胺盐酸盐储备溶液和 50 mL 冰乙酸，用水稀释至刻度。此溶液储于密闭的棕色瓶中，在 25 ℃以下暗处存放可稳定三个月。若溶液呈现淡红色，应弃之重配。

(b) 吸收液：使用时将显色液和水按 4∶1（体积分数）比例混合，即为吸收液。吸收液的吸光度应小于等于 0.005。

(4) HCl 采样前的准备

无组织废气中 HCl 的测定用离子色谱法，采样前的准备分为采样设备和吸收试剂的准备。

采样设备和器皿的准备：

① 无组织废气采样器：采样流量 0～1 L/min，采样管为硬质玻璃或氟树脂材质，应具备加热和保温功能。

② 聚四氟乙烯滤膜或石英滤膜：对粒径大于 0.3 μm 颗粒物的阻留效率不低于 99.9%。

③ 吸收试剂的准备：碱性吸收液，$c(NaOH)=30$ mmol/L 或 $c(KOH)=30$ mmol/L。称取 1.20 g 氢氧化钠，用水溶解并定容至 1 000 mL 聚乙烯瓶，混匀；或称取 1.68 g 氢氧化钾，用水溶解并定容至 1 000 mL 聚乙烯瓶中，混匀。临用现配。

(5) NH_3 采样前的准备

无组织废气中 NH_3 的测定用纳氏试剂分光光度法，采样前的准备分为采样设备和吸收试剂的准备。

① 采样设备和器皿的准备

(a) 气体采样装置：流量范围为 0.1～1.0 L/min；

(b) 玻板吸收管或大气冲击式吸收管：50 mL。

② 吸收试剂的准备：硫酸吸收液，$c(H_2SO_4)=0.01$ mol/L。量取 2.8 mL 硫酸加入水中，并稀释至 1 L，得 0.1 mol/L 储备液。临用时再用水稀释 10 倍。

(6) 挥发性有机物采样前的准备

无组织废气中挥发性有机物的测定用热脱附气相色谱-质谱法，采样前的准备分为采样设备和吸附管的准备。

① 采样设备采样泵的采样流量应能达到 10～200 mL/min，采样泵最好采用具有恒定质量流量控制的采样泵。采样开始时的流速与结束时流速的偏差不应超过 10%。采样泵进行流量校正时，应接上实际采样时所用的采样管。

② 吸附管应为不锈钢管或玻璃管，管的外径为 6 mm，长度可以根据热脱附仪器的要求而定，吸附剂的选择可以根据所分析物质的特性决定，吸附剂选择的原则为：具有较大的比表面积，即具有较大的安全采样体积；具有较好的疏水性能，对水的吸附能力低；容易脱附，分析的物质在吸附剂上不发生化学反应。

其他监测因子，应按照被测物质的对应标准分析方法中有关无组织排放监测的采样部分所规定的仪器设备和试剂做好准备。

4.4.5 现场监测

1. 气象参数的测定

将轻便风向风速表置于被测单位开阔地带。若现场无适当的开阔地带，可将轻便风向风速表置于高处（但一般不超过 15 m）进行风向风速测定。按照仪器说明书的规定，打开轻便风向风速表的制动开关，并开始读数，每隔 1 min 读数即时风向和风速值，连续测定 10 min，共得到 10 个风向值（精确到 5°）和 10 个风速值（精确到 0 lin/s）。如果当时的风向和风速变化较大，感到 10 min 的测定仍显不足，可适当延长测定时间。由 10 个风速读数计算 10 min 平均风速；由 10 个风向读数计算得到平均风向和风向变化的标准差（±5°）。

2. 样品的采集

对于无组织排放的控制是通过对其造成的环境空气污染程度而予以监督的，所以，无组织排放的“监控点”设置于环境空气中。我国已经针对大气污染物排放标准制定了配套的标准分析方法，其中有关的采样部分已分别按有组织排放和无组织排放作出规定，因此，无组织排放监测的采样方法应按照配套标准分析方法中适用于无组织排放采样的方法执行，个别尚缺少配套标准分析方法的污染物项目，应按照适用于环境空气监测方法中的采样要求进行采样。

在无组织废气采样中一般常规监测项目有颗粒物、SO_2、NO_2、HCl、NH_3、挥发性有机物等监测。

3. 颗粒物采样方法及注意事项

无组织废气中的颗粒物一般指的是 TSP 和 PM_{10}，均用重量法分析，这两个采样方法为滤膜法，即将废气中的颗粒物阻截在滤膜上，通过滤膜的增重及采样体积计算颗粒物在废气中浓度。

(1) 采样方法

① 打开采样头顶盖，取出滤膜。用清洁干布擦去采样头内及滤膜夹的灰尘；

② 将已编号并称过的滤膜毛面向上，放在滤膜网托上，然后放滤膜，对正、拧紧使之不漏气。盖好采样头顶盖，按照采样器使用说明操作，设置好采样时间，即可启动采样；

③ 当采样器不能直接显示标准状态下的累积采样体积时，需记录采样期间测试现场平均环境温度和平均大气压；

④ 采样结束后，打开采样头，用镊子轻轻取下滤膜，采样面向里，将滤膜对折，放入号码相同的滤膜袋中。

(2) 注意事项

① 每批样品至少测定两个现场空白。除了不采气之外，其他环境条件与样品相同；

② 取滤膜时，如发现滤膜损坏，或滤膜上尘的边缘轮廓不清晰、滤膜安装歪斜等表示采样时漏气，则本次采样作废，需重新采样。

4. SO_2 采样方法及注意事项

无组织废气中 SO_2 用甲醛吸收-副玫瑰苯胺分光光度法分析，采样方法为吸收液法，即将 SO_2 通过吸收液固定。

(1) 采样方法

短时间采样：采用内装 10 mL 吸收液的多孔玻板吸收管，以 0.5 L/min 的流量采气 45～60 min。吸收液温度保持在 23～29 ℃的范围。24 h 连续采样：用内装 50 mL 吸收液的多孔玻板吸收瓶，以 0.2 L/min 的流量连续采样 24 h。吸收液温度保持在 23～

29 ℃的范围。

（2）注意事项

① 采样时吸收液的温度在23～29 ℃时，吸收效率为100%。10～15 ℃时，吸收效率偏低5%。高于33 ℃或低于9 ℃时，吸收效率偏低10%。

② 每批样品至少测定两个现场空白。即将装有吸收液的采样管带到采样现场，除了不采气之外，其他环境条件与样品相同。

③ 当空气中SO_2浓度高于测定上限时，可以适当减少采样体积或者减少试料的体积。

5. NO_x采样方法及注意事项

无组织废气中NO_x的测定用盐酸萘乙二胺分光光度法，采样方法是吸收液法，即通过吸收液将废气中NO_x固定于吸收瓶。

（1）采样方法

短时间采样（1 h以内）取两支内装10.0 mL吸收液的多孔玻板吸收瓶和一支内装5～10 mL酸性高锰酸钾溶液的氧化瓶（液柱高度不低于80 mm），用尽量短的硅橡胶管将氧化瓶串联在二支吸收瓶之间，以0.4 L/min流量采气4～24 L。长时间采样（24 h）取两支大型多孔玻板吸收瓶，装入25.0 mL或50.0 mL吸收液（液柱高度不低于80 mm），标记液面位置。取一支内装50 mL酸性高锰酸钾溶液的氧化瓶，接入采样系统，将吸收液恒温在20 ℃±4 ℃，以0.2 L/min流量采气288 L。

（2）注意事项

① 氧化管中有明显的沉淀物析出时，应及时更换。

② 采样前应检查采样系统的气密性，用皂膜流量计进行流量校准。采样流量的相对误差应小于±5%。采样期间，样品运输和存放过程中应避免阳光照射。气温超过25 ℃时，长时间（8 h以上）运输和存放样品应采取降温措施。

③ 采样结束时，为防止溶液倒吸，应在采样泵停止抽气的同时，闭合连接在采样系统中的止水夹或电磁阀。

6. HCl采样方法及注意事项

无组织废气中HCl的测定用离子色谱法，采样方法为吸收液法，即通过吸收瓶中碱性吸收液将HCl固定于吸收瓶中。

（1）采样方法

无组织排放样品布点及采样应符合HJ/T 55－2000标准中的相关规定。采样时将滤膜置于滤膜夹内，串联两支各装10 mL吸收液的25 mL冲击式吸收瓶，与采样器连接。以 0.5 ～1.0 L/min 的采样流量，连续 1 h 采样，或在 1 h 内以等时间间隔采集3～4 个样品计算平均值，如浓度偏低可适当延长采样时间，采样前后流量偏差应≤5%。

（2）注意事项

① 吸收瓶、连接管及各器皿均应用实验用水反复洗涤并防止被污染，末次洗液的电导率应小于 1.0 μS/cm。操作中应防止自来水、空气微尘及手上氯化物的干扰。

② 采样器与滤膜夹、滤膜夹与吸收瓶、吸收瓶之间的连接管均应尽可能短，并检查系统的气密性和可靠性。

7. NH_3 采样方法及注意事项

无组织废气中 NH_3 的测定用纳氏试剂分光光度法，采样方法是吸收液法，即通过吸收瓶中的吸收液对无组织废气中 NH_3 进行固定。

（1）采样方法

采样系统由采样管、干燥管和气体采样泵组成。采样时应带采样全程空白吸收管。无组织废气采样：用 50 mL 吸收管，以 0.5～1 L/min 的流量采集，采气时间视具体情况而定。

（2）注意事项

① 采样过程的同时采集全程空白样品用于检查样品采集、运输、储存过程中样品是否被污染。如果采样全程空白明显高于同批配制的吸收液空白，则同批次采集的样品作废。

② 正确使用采样泵，开启采样泵前，确认采样系统的连接正确，采样泵的进气口端通过干燥管（或缓冲管）与采样管的出气口相连，如果接反会导致酸性吸收液倒吸，污染和损坏仪器。万一出现倒吸的情况，应及时将流量计拆下来，用酒精清洗、干燥，并重新安装，经流量校准合格后方可继续使用。

8. 挥发性有机物采样方法及注意事项

无组织废气中挥发性有机物的测定用热脱附气相色谱-质谱法，采样方法是吸附管采样法，即通过吸附管中吸附物质吸附挥发性有机物，使其在吸附物质中得到富集。

（1）采样方法

打开采样管两端的密封帽后，应马上采样，对于使用多层吸附剂的采样管，采样管气体入口端应为弱吸附剂，出口端为强吸附剂。对于外径为 6 mm 的采样管，最佳的采样流量为 50 mL/min，实际推荐的采样流量为 10～200 mL/min，流量超过 200 mL/min或低于 10 mL/min 将产生较大的误差。采样所需的时间应根据安全采样体积来确定，采集 300 mL 的样品每个分析物质的检测限可达到 0.5 ppb。

(2) 注意事项

采集样品时，对同一批采样管需要测定两个实验室空白，即采样管老化后放在4 ℃干净的环境中保存，在样品测定之前和样品测定之后分别测定一个实验室空白。

其他监测因子，应按照被测物质的对应标准分析方法中有关无组织排放监测的采样部分所规定的步骤进行采样。

4.4.6 样品标识

样品标识是在监测过程中识别和记录样品的唯一标记，是样品管理的关键环节，必不可少。一是区分物类，避免混淆，尤其是同一类物品的混淆；二是表明检测状态，确定已检、未检、在检、留样；三是表明样品的细分，保证分样、子样、附件的一致；四是保证样品传递过程中不发生混淆。其意义是：保证样品的唯一性和可追溯性。确保样品及所涉及的记录和文件中不发生任何混淆。

4.5 烟尘/烟气智能分析仪介绍

湖南省市（县、区）站使用的现场监测烟尘/烟气智能分析仪，青岛崂应环境科技有限公司的3012H-D烟尘/烟气智能分析仪占有较大比例，下面就3012H-D烟尘/烟气智能分析仪的使用来简单介绍固定污染源烟尘烟气的现场监测分析。

4.5.1 仪器技术参数

表 4-1 烟尘部分技术参数

烟尘部分技术指标	参数范围	分辨率	准确度
采样流量	(10～60) L/min	0.1 L/min	不超过±2.5%FS
烟气动压	(0～2 000) Pa	1 Pa	不超过±2%FS
烟气静压	(−30～+30) kPa	0.01 kPa	不超过±4%FS
流量计前压力	(−30～0) kPa	0.01 kPa	不超过±2.5%FS
流量计前温度	(−20～150) ℃	0.1 ℃	不超过±2.5%
烟气温度	(0～500) ℃ (可扩充到800 ℃)	1 ℃	不超过±3%
干湿球温度（可选）	(0～100) ℃	0.1 ℃	不超过±1.5%
等速采样流速	(5～45) m/s	0.1 m/s	不超过±5%
等速跟踪响应时间	不超过 20 s		

续表

烟尘部分技术指标	参数范围	分辨率	准确度
采样泵负载能力	≥50 L/min（阻力为 20 kPa 时）		
数据存储能力	50 000 组		
最大采样体积	9 999.9 L	0.1 L	—
外形尺寸（长×宽×高）	450 mm×168 mm×410 mm		
仪器噪声	<80 dB（A）		
整机重量	约 10 kg		
功耗	<180 W		

表 4-2　烟气部分技术参数

烟气部分技术指标		参数范围	分辨率	准确度
烟气采样流量		不小于 1.0 L/min		
烟气浓度	O_2 传感器	(0～25/30*)%	0.1%	示数误差：不超过±5.0% 重复性：≤2.0% 响应时间：≤90 s 稳定性：1 h 内示数值变化≤5.0%
	SO_2 传感器	(0～5 700/14 000*)%	1 mg/m³	
	NO 传感器	(0～1 300/6 700*)%	1 mg/m³	
	NO_2 传感器	(0～200/2 000*)%	1 mg/m³	
	CO 传感器	(0～5 000/25 000*)%	1 mg/m³	
	CO_2 传感器	(0～20)%	0.1%	
	H_2S 传感器	(0～300/1 500*)%	1 mg/m³	
气体化学传感器使用寿命		空气中约两年		

注：*表示气体的过载范围。

4.5.2　工作原理

1. 颗粒物等速采样原理

测试仪根据各种传感器检测到静压、动压、温度及含湿量等参数，自动计算出烟气流速和等速跟踪流量。测控系统将该流量与流量传感器检测到的流量相比较，计算出相应的控制信号，由该信号控制电路做出调整，使抽气泵的流量发生变化，最终使测试仪的实际流量与技术的采样流量相等，实现测试仪的等速采样。

2. 含湿量的测量原理

微处理器控制传感器采集湿球、干球表面温度以及通过湿球表面的压力，结合大气压，同时，根据湿球表面温度自动查出该温度下的饱和水蒸气压力，计算出烟气含湿量。

3. 空气过剩系数测量原理

测试仪检测出氧气的浓度，根据检测到的氧气浓度，换算出空气过剩系数 α。

4. 气体浓度测量原理

抽取含有特定气体的烟气，进行除尘、脱水处理后通过电化学传感器，发生电化学反应，传感器输出的电流大小在一定条件下与气体的浓度成正比，所以，通过测量传感器输出的电流即可计算出气体的瞬时浓度；同时，根据检测到的烟气排放等参数计算出气体的排放量。

4.5.3 操作步骤

（1）选择干燥避阳处，将仪器放置平衡，连接取样管与主机。

（2）记下采样头编号，将采样头由采样头固定装置上部装入，使用采样头压盖旋紧固定。

（3）确认电源为 220 V 后，接通电源线，面板电源开头上的绿色指示灯应点亮，指示工作电源接入正常。

（4）将仪器显示屏翻开，旋转到适合观看位置。

（5）确认连接正常后，打开仪器电源开头，面板上的工作指示灯点亮，仪器进入初始状态，进行自检，并显示仪器商标、版本号等信息，如显示不清晰，可调节对比度旋钮，完成后，自动进入主菜单，显示菜单条、图标和对应的提示行，按光标键移动菜单条，选中相应菜单按“确定”键执行。

（6）选择“系统设置与检测”菜单，进行必要的参数设置，选择“工况设置与采样”菜单，按“确定”键，仪器进入设置菜单，选择“烟道布点”菜单，进入烟道布点界面。在工况设置与采样界面选择“系统调零”菜单，进入系统调零界面，按“确定”键，仪器自动对各压力传感器进行调零；系统调零后，在工况设置与采样界面选择“预测流速”，首先进入预测流速设置界面，可对采样地点、大气压、烟温、含湿量、单点采样时间、皮托管系数、烟气密度等参数进行设置；然后进行含湿量测定，选择“含湿量”菜单，进入含湿量设置界面，轻轻拧下烟气含湿量取样管上的储水瓶，倒入 1/2 体积清水，然后小心把储水瓶重新装入烟气含湿量取样管，拧紧使之不漏水。将烟气含湿量取样管水平放入烟道内（避免水进入烟气含湿量取样管内），并把烟道测孔堵好，使之不漏气。在含湿量设置界面输入大气压值或把大气压改为测量模式，选择“启动测量”进入含湿量测量界面；烟尘采样前准备工作完成后，将烟尘取样管插入烟道，采样嘴与气流的方向垂直。在工况设置与采样界面选择“烟尘采样”菜单，进入烟尘采样设置界面，依据提示，设置各参数，设置完参数后，按键盘上的“Enter”键启动采样。

（7）测量烟气时，将烟气取样管前端放入用于滤尘的玻璃丝棉后，将烟气取样管与烟气取样器旋接，用气路管连接仪器面板上的烟气接嘴与烟气取样器的气路接嘴，确认测气装置正确连接后，选择“烟气测量”菜单，进入烟气测量界面。

（8）传感器存在零点漂移，每次测量烟气时进行校准，校准时须用新鲜空气或纯氮气。选择“传感器校准”菜单，按“确定”键，显示值稳定后，再按一次“确定”键，执行“开始校准”菜单，仪器将开始自动校准含氧量到 21%，SO_2、NO 校准到 0。

（9）校准完毕后，按“确定”键，仪器将返回，光标停留在“开始测量”菜单上，按“确定”键，仪器开始进入烟气测量状态，自动测量烟气中的 O_2、SO_2、NO 浓度，到达一定时间将显示其平均浓度，待显示的数值比较稳定后即可结束测量，按“完毕”键返回。

（10）测量结束后要对传感器进行清洗，选择“清洗传感器”菜单按“确定”键，待传感器回零后，按“确定”键返回。

（11）选择“烟尘测试”输入采样头编号，设置好采样时间以及采样点数目进行烟尘采集。采集完毕后保存检测数据。并退回主界面。

4.5.4　注意事项

（1）测试仪使用前，应确认外接电源为 220 V，并可靠接通。

（2）由于某种原因需要短时间内关闭电源并再次开机时，应在关闭电源至少 5 s 钟后，才能再次开机。

（3）使用中遇到仪器故障，先按照说明书简单故障及排除方法进行检修，若还不能排除，请及时联系客服及维修人员。

（4）使用过程中遇到突发事件，应先断电处理。

（5）烟尘采样时，取样管的皮托管接嘴应与测试仪 ΔP “＋、－”接嘴正确连接，避免损坏压力传感器。

（6）烟尘采样过程中，应注意高效水气分离器中干燥剂（变色硅胶）颜色的变化。当 2/3 体积的干燥剂由蓝变红时，需及时更换。

（7）高温烟气采样时，持取样管的人员应佩戴防烫手套，以防烫伤。

（8）采样过程中应及时将测孔堵住，以防正压烟道有害气体喷出造成人身伤害，也防止对烟道内气流的扰动。

4.6 现场监测质量控制和质量保证

环境监测对象成分复杂，时间、空间量级上分布广泛，且随机多变，不易准确测量，如果没有一个科学的环境监测质量保证程序，由于人员的技术水平、仪器设备、地域等差异，难免出现调查资料互相矛盾、数据不能利用的现象，造成大量人力、物力和财力的浪费。环境监测质量保证是环境监测中十分重要的技术工作和管理工作。质量保证和质量控制，是一种保证监测数据准确可靠的方法，也是科学管理监测系统的有效措施，它可以保证数据质量，使环境监测建立在可靠的基础之上。现场监测是环境监测的最基础环节，现场样品采集的代表性、完整性决定后续监测工作，因此，现场监测环节的质量控制和质量保证显得尤为重要。

4.6.1 仪器的检定和校准

(1) 属于国家强制检定目录内的工作计量器具，必须按期送计量部门检定，检定合格，取得检定证书后方可用于监测工作。

(2) 排气温度测量仪表、斜管微压计、空盒大气压力计、真空压力表（压力计）、转子流量计、干式累积流量计、采样管加热温度、分析天平、采样嘴、皮托管系数等至少半年自行校正一次。校正方法按 GB/T 16157—1996 标准中第 12 章执行。

(3) 定电位电解法烟气（SO_2、NO_x、CO）测定仪，应根据仪器使用频率，每 3 个月至半年校准一次。在使用频率较高的情况下，应增加校准次数。用仪器量程中点值附近浓度的标准气校准，若仪器示值偏差不高于±5%，则为合格。

(4) 测氧仪至少每季度检查校验一次，使用高纯氮检查其零点，用干净的环境空气应能调整其示值为 20.9%（在高原地区应按照当地空气含氧量标定）。

(5) 定电位电解法烟气测定仪和测氧仪的电化学传感器寿命一般为 1 到 2 年，若发现传感器性能明显下降或已失效，必须及时更换传感器，送计量部门重新检定后方可使用。

(6) 自动烟尘采样仪和含湿量测定装置的温度计、电子压差计、流量计应定期进行校准。

4.6.2 监测仪器设备的质量检验

(1) 监测仪器设备的质量应达到相关标准的规定，烟气采样器的技术要求见 HJ/T 47，烟尘采样器的技术要求见 HJ/T 48—1999 标准。

（2）对微压计、皮托管和烟气采样系统进行气密性检验，按 GB/T 16157—1996 标准中 5.2.2.3 进行检漏试验。当系统漏气时，应再分段检查、堵漏或重新安装采样系统，直到检验合格。

（3）空白滤筒或滤膜称量前应检查外表有无裂纹、孔隙或破损，有则应更换滤筒，如果滤筒有刮毛或碎屑，应清理干净。当用刚玉滤筒采样时，滤筒在空白称重前，要用细砂纸将滤筒口磨平整，以保证滤筒安装后的气密性。

（4）应严格检查皮托管和采样嘴，发现变形或损坏者不能使用。

（5）气态污染物采样，要根据被测成分的存在状态和特性，选择合适的采样管、连接管和滤料。采样管材质应不吸收且不与待测污染物起化学反应，不被排气成分腐蚀，能在排气温度和气流下保持足够的机械强度。滤料应选择不吸收且不与待测污染物起化学反应的材料，并能耐受高温排气。连接管应选择不吸收且不与待测污染物起化学反应，并便于连接与密封的材料。

（6）吸收瓶应严密不漏气，多孔筛板吸收瓶鼓泡要均匀，在流量为 0.5 L/min 时，其阻力应在（5±0.7）kPa。

（7）仪器与设备的运行和维护。采样仪器与设备须有专人管理及维护，每次使用后应对仪器与设备全面检查，清洁或修理。对于失效的消耗品（如干燥剂）及时更换，清洁仪器，检查电源及接线，发现破损及时修补。每次采样结束后，将采样器接通电源，通干燥清洁空气 15 min，去除采样路径中可能存在的含湿废气。每台仪器与设备应备有专门的使用维护记录，记录要全面，应包含仪器与设备检定、校准、使用、维护等相关信息。

4.6.3　统一工况核查

1. 核定风量

核定风量时，应在采样同时记录鼓风机和引风机的风压、风量等信息。初步核算实测风量与风机额定风量的合理性，若存在不合理情况（如实测风量大于风机额定风量），应立即现场核实。

2. 核定 SO_2 排放量

监测 SO_2 时，可通过核算燃料含硫量，初步核定 SO_2 排放浓度。应现场向被测单位索要入炉煤质检验数据报告，根据煤质含硫量核算 SO_2 实测浓度与物料平衡测算浓度的符合度；如需自测煤质含硫量，应采集现场入炉混合煤样，检测煤质含硫量，核算 SO_2 实测浓度与物料平衡测算浓度的符合度。若两者相差大于±50%，应立即查找原因，必要时重新监测或增加抽测频次。现场测算时，脱硫效率按设计量和生产工艺取值。

燃煤 SO_2 排放量（吨）＝1.6×燃煤量（吨）×全硫分％×（1－脱硫效率％）

燃油 SO_2 排放量（吨）＝2.0×燃油量（吨）×全硫分％×（1－脱硫效率％）

燃气 SO_2 排放量：燃烧 100 万立方米燃气约产生 630 kg SO_2。

3. 核定烟尘排放量

核定烟尘排放量时，应在现场调查企业燃料类型、除尘器设计、除尘效率等参数，测算排放的烟尘量。若实测烟尘量与测算烟尘量相差大于±50％，应立即查找原因，必要时重新监测或增加抽测频次。

烟尘排放量（千克）＝煤（油）消耗量（吨）×烟尘排放系数（千克/吨）×（1－除尘效率％）

4.6.4 现场监测的质量保证

1. 排气参数的测定

（1）监测期间应有专人负责监督工况，污染源生产设备、治理设施应处于正常的运行工况，其工况条件应满足相关技术规范。

（2）在进行排气参数测定和采样时，打开采样孔后应仔细清除采样孔短接管内的积灰，再插入测量仪器或采样探头，并严密堵住采样孔周围缝隙以防止漏气。

（3）排气温度测定时，应将温度计的测定端插入管道中心位置，待温度指示值稳定后读数，不允许将温度计抽出管道外读数。

（4）排气水分含量测定时，采样管前端应装有颗粒物过滤器，采样管应有加热保温措施。应对系统的气密性进行检查。对于直径较大的烟道，应将采样管尽量深地插入烟道，减少采样管外露部分，以防水汽在采样管中冷凝，造成测定结果偏低。

（5）排气压力测定时，事先须将仪器调整水平，检查微压计液柱内有无气泡，液面调至零点；对皮托管、微压计和系统进行气密性检查。

（6）测定排气压力时皮托管的全压孔要正对气流方向，偏差不得超过 10°。

2. 颗粒物的采样

（1）颗粒物的采样必须按照等速采样的原则进行，尽可能使用微电脑自动跟踪采样仪，以保证等速采样的精度，减少采样误差。

（2）采样位置应尽可能选择气流平稳的管段，采样断面最大流速与最小流速之比不宜大于 3 倍，以防仪器的响应跟不上流速的变化，影响等速采样的精度。

(3) 在湿式除法除尘或脱硫器出口采样，采样孔位置应避开烟气含水（雾）滴的管段。

(4) 采样系统在现场连接安装好以后，应对采样系统进行气密性检查，发现问题及时解决。

(5) 采样嘴应先背向气流方向插入管道，采样时采样嘴必须对准气流方向，偏差不得超过 10°。采样结束，应先将采样嘴背向气流，迅速抽出管道，防止管道负压将尘粒倒吸。

(6) 锅炉颗粒物采样，须多点采样，原则上每点采样时间不少于 3 min，各点采样时间应相等，或每台锅炉测定时所采集样品累计的总采气量不少于 1 m^3。每次采样，至少采集 3 个样品，取其平均值。

(7) 滤筒在安放和取出采样管时，须使用镊子，不得直接用手接触，避免损坏和玷污，若不慎有脱落的滤筒碎屑，须收齐放入滤筒中；滤筒安放要压紧固定，防止漏气；采样结束，从管道抽出采样管时不得倒置，取出滤筒后，轻轻敲打前弯管并用毛刷将附在管内的尘粒刷入滤筒中，将滤筒上口内折封好，放入专用容器中保存，注意在运送过程中切不可倒置。

(8) 在采集硫酸雾、铬酸雾等样品时，由于雾滴极易黏附在采样嘴和弯管内壁，且很难脱离，采样前应将采样嘴和弯管内壁清洗干净，采样后用少量乙醇冲洗采样嘴和弯管内壁，合并在样品中，尽量减少样品损失，保证采样的准确性。

(9) 采集多环芳烃和二噁英类，采样管材质应为硼硅酸盐玻璃、石英玻璃或钛金属合金，宜使用石英滤筒（膜），采样后滤筒（膜）不可烘烤。

(10) 用手动采样仪采样过程中，要经常检查和调整流量，普通型采样管法采样前后应重复测定废气流速，当采样前后流速变化大于±20%时，样品作废，重新采样。

(11) 当采集高浓度颗粒物时，发现测压孔或采样嘴被尘粒黏堵时，应及时清除。

(12) 采样过程跟踪率要求达到 1.0±0.1，否则应重新采样。采用固定流量采样时，应随时检查流量，发现偏离应及时调整。采样后应重复测定废气流速，当采样前后流速变化大于±20%时，应重新采样。

3. 气态污染物的采样

(1) 废气采样时，应对废气被测成分的存在状态及特性、可能造成误差的各种因素（吸附、冷凝、挥发等），进行综合考虑，来确定适宜的采样方法（包括采样管和滤料材质的选择、采样体积、采样管和导管加热保温措施等）。

(2) 采集废气样品时，采样管进气口应靠近管道中心位置，连接采样管与吸收瓶的导管应尽可能短，必要时要用保温材料保温。

(3) 采样前，在采样系统连接好以后，应对采样系统进行气密性检查，如发现漏气应分段检查，找出问题，及时解决。

(4) 使用吸收瓶或吸附管系统采样时，吸收装置应尽可能靠近采样管出口，采样前使排气通过旁路 5 min，将吸收瓶前管路内的空气彻底置换；采样期间保持流量恒定，波动不大于±10%；采样结束，应先切断采样管至吸收瓶之间的气路，以防管道负压造成吸收液倒吸。

(5) 对湿法脱硫装置进行脱硫效率的测定，应在正常运行条件下进行，同时测定洗涤液的 pH 值。在报出脱硫效率测定结果时，应注明洗涤液的 pH 值。

(6) 采样结束后，立即封闭样品吸收瓶或吸附管两端，尽快送实验室进行分析。在样品运送和保存期间，应注意避光和控温。

(7) 用便携式仪器直接监测烟气中污染物，为了防止采样气体中水分在连接管和仪器中冷凝干扰测定，输气管路应加热保温，配置烟气预处理装置，对采集的烟气进行过滤、除湿和气液分离。除湿装置应使除湿后气体中被测污染物的损失不大于5%。

(8) 用便携式烟气分析仪对烟气中 SO_2、NO_x 等测试，应选择抗负压能力大于烟道负压的仪器，否则会使仪器采样流量减小，测试浓度值将偏低，甚至测不出来。

(9) 用定电位电解法烟气分析仪对烟气中 SO_2、NO_x 等测试，应在仪器显示浓度值变化趋于稳定后读数，读数完毕将采样探头取出，置于环境空气中，清洗传感器至仪器读数在 20 mg/m^3 以下时，再将采样探头插入烟道进行第二次测试。在测试完全结束后，应将仪器置于干净的环境空气中，继续抽气吹扫传感器，直至仪器示值符合说明书要求后再关机。

(10) 用定电位电解法烟气分析仪进行烟气监测，仪器应一次开机直至测试完全结束，中途不能关机重新启动以免仪器零点变化，影响测试准确性。

4. 挥发性有机物的采样

挥发性有机物监测的质量保证与质量控制应按照 HJ/T 373—2007 标准、HJ/T 397—2007 标准及相关方法标准规定执行。气袋法采样前应严格检查采样系统的密封性，泄漏检测按 GB/T 16157—1996 标准、HJ 732—2014 标准的规定执行。

现场监测时，应对仪器校准情况进行记录。

(1) 采样前应对采样流量计进行校验，其相对误差应不大于 5%；采样流量波动应不大于±10%。

(2) 送实验室的样品应及时分析，应在规定的期限内完成，留样样品应按测定项目标准监测方法规定的要求保存。

5. 其他要求

现场监测期间，可使用地理信息定位、照相或录音录像等辅助手段，保证现场测试或采样过程客观、真实和可追溯。现场测试和采样应至少有 2 名监测人员在场。

4.7　固定污染源废气采样现场记录

采样时应详细记录采样时工况条件、环境条件和样品采集数据（采样流量、采样时间、流量计前温度、流量计前压力、累计流量计读数等），具体格式可参照附录 2 的表 2-3～表 2-14，也可以自行制订。

4.8　废气监测现场采样安全

在污染源锅炉、焚烧炉、熔炉监测过程中，烟道烟气存在高温正压的可能，温度一般在 100 ℃以上，有些炉窑的烟道温度甚至在 400 ℃以上，极易发生烫伤事故，要防止造成灼伤、烫伤。要准备好烫伤药品，若烫伤后轻微发红可涂擦医用橄榄油；若有水泡，不要挑破水泡，可涂龙胆紫；若伤处发黑，应去医院诊治。

高处作业人员的衣着要注意轻便灵活，最好是分体式、缩口紧凑型，脚下要穿软底防滑鞋，绝不能穿着拖鞋等。高处作业中所用的设备应摆放平稳，传递物件时不能抛掷。各施工作业场所内，凡有坠落可能的任何物料，都要一律先行撤除或者加以固定，以防跌落伤人。

第5章 噪声现场监测技术

近年来，全国声环境质量监测工作稳步开展，但随着经济社会的发展，新型噪声污染源不断出现，人民群众对和谐安宁环境的需求日益增长，作为噪声污染防治工作的重要支撑，噪声现场监测工作尤为重要。噪声污染和水污染、空气污染、固体废物污染一样是当代主要的生态环境污染，但噪声与后者不同，它是物理污染（或称能量污染）。一般情况下它并不致命，且与声源同时产生同时消失，噪声源分布很广，较难集中处理。由于噪声渗透到人们生产和生活的各个领域，且能够直接感觉到它的干扰，不像物质污染那样只有产生后果才受到注意，所以越来越成为社会和广大人民群众关心的问题。

为了进一步提高人们的生活水平，为人们提供更好的生活环境质量，加强对于环境噪声的监测势在必行。环境噪声监测是噪声污染治理的基础工作，只有加强对于环境噪声的监测，才能使环境问题得到有效改善，生态文明建设进程得以加快。

本章主要介绍了噪声监测中的基本术语、工业企业厂界环境噪声和社会生活环境噪声的测定、噪声监测过程中的质量控制及现场监测原始记录表格。

5.1 噪声污染的定义与分类

环境噪声污染，是指所产生的环境噪声超过国家规定的环境噪声排放标准，并干扰他人正常生活、工作和学习的现象。《中华人民共和国噪声污染防治法》所称环境噪声，是指在工业生产、建筑施工、交通运输和社会生活中所产生的干扰周围生活环境的声音。噪声主要分类如下：

（1）工业企业厂界环境噪声：是指在工业生产活动中使用固定设备等产生的、在厂界处进行测量和控制的干扰周围生活环境的声音。

（2）社会生活噪声：是指营业性文化娱乐场所和商业经营活动中使用的设备、设施产生的噪声。

（3）建筑施工噪声：是指工程建设实施阶段的生产活动，各类建筑物的建造过程，包括基础工程施工、主体结构施工、屋面工程施工、装饰工程施工（已竣工交付使用的住宅楼进行室内装修活动除外）等过程中产生的干扰周围生活环境的声音。

（4）交通运输噪声：是指机动车辆、铁路机车、机动船舶、航空器等交通运输工具在运行时所产生的干扰周围生活环境的声音。

5.2　噪声监测基本术语

5.2.1　声级和 A 声级

声压级只反映声音的强度对人响度感觉的影响，不能反映声音频率对响度感觉的影响，响度级和响度解决了这个问题，但用它们来反映人们对声音的主观感觉过于复杂，于是又提出了声级，即计权声压级的概念。声级就是用一定计权网络测量得到的声压级。

在声学测量仪器中，通常根据等响度曲线，设置一定的频率计权网络使接收的声音进行频率滤波，以模仿人耳的响度感觉特性。由于这样的计权网络太多，代表性地选择 A、B、C 三种计权网络。

A 计权：模拟人耳对 40 方纯音响度的响应，当信号通过时，其低频段、中频段有较大衰减。

B 计权：模拟人耳对 70 方纯音响度的响应，当信号通过时，其低频段有一定的衰减。

C 计权：模拟人耳对 100 方纯音响度的响应，当信号通过时，在整个频率范围内有近乎平直的响应。

利用具有一定频率计权的声学测量仪器对声音进行声压级测量，所得到的读数称为计权声压级，简称声级，单位为 dB。用什么计权网络应在测量值后面注明，如 66 dB（A）或者 A 声级 66 dB。在实际测量中，利用 A 声级能较好地反映噪声对人的吵闹感觉和人耳听力的损伤程度，因此，现在都用 A 声级来作为噪声评价的基本量，如果不另作说明，都是指 A 声级。比对 A、B、C 声级的读数，可以判断噪声的频率特性。如果 A、B、C 声级的读数基本相同，该噪声属于高频特性；如果 B、C 声级的读数基本相同，但大于 A 声级，该噪声属于中频特性；如果 C 声级大于 B 声级，B 声级又大于 A 声级，该噪声属于低频特性。有的测量仪器中有 D 计权网络，主要用于航空噪声的测量。用 D 计权网络测得的 D 声级再加 7 dB，就直接得到飞机噪声的感觉。噪声还有 E 计权，根据响度计算方法做出来的，也叫人耳计权。SI 计权是用来衡量噪声对语言干扰的。

5.2.2 等效连续 A 声级 L_{eq}

A 声级能较好地反映人耳对噪声的强度和频率的主观感觉，对于一个连续稳定的噪声，它是一个较好的评价方法。但对于起伏的或不连续的噪声，很难确定 A 声级的大小。例如交通噪声，有车通过或无车通过时的噪声不一样，很难说出噪声的确定值，人们用噪声能量平均的方法来评价噪声对人的影响，这就是等效连续声级，用 L_{eq} 表示。这里仍然使用 A 计权，故也称等效连续 A 声级。

等效连续声级的定义：在声场的某一位置上，用某一段时间能量平均的方法，将间歇出现或变化的 A 声级，以一个 A 声级的值来表示该段时间里的噪声大小，并称这个声级为此段时间的等效连续声级：

$$L_{eq}=10\lg\left[\frac{1}{t_2-t_1}\int_{t_1}^{t_2}10^{0.1L_A(t)}\mathrm{d}t\right]$$

式中：$L_A(t)$ 为瞬间 A 声级（dB（A））；t_1、t_2 分别为起始时间和终止时间。

对于连续的稳定噪声，等效连续声级就等于测得的 A 声级。

5.2.3 响度级和响度

声压和声强度都是客观物理量，声压越高，声音越强；但是它们不能完全反映人耳对声音的感觉特性。人耳对声音的感觉不仅和声压有关，也和频率有关，对高频的声音感觉灵敏，对低频的声音感觉迟钝，声压级相同但频率不同的声音听起来不一样响。为了兼顾声音的物理效应，又考虑人耳听觉的生理效应，把声音的强度和频率用一个物理量统一起来，这个物理量就叫响度级。

5.2.4 昼夜等效声级 L_{dn}

昼夜等效声级是考虑到噪声在夜间对人的影响比白天严重，而对夜间噪声进行增加 10 dB 加权处理后的等效连续声级。昼夜等效声级是以平均声级和一天里的作用时间为基础的公众反应评价量，用 L_{dn} 表示。其表示公式如下：

$$L_{dn}=10\lg\left[\frac{2}{3}\times10^{0.1\overline{L}_d}+\frac{1}{3}\times10^{0.1(\overline{L}_n+10)}\right]$$

其中：L_{dn} 为昼夜等效声级，$\overline{L}_d$ 为白天 16 个小时（6：00—22：00）的等效连续 A 声级，$\overline{L}_n$ 为夜间 8 个小时（22：00—6：00）的等效连续 A 声级，单位均为 dB。

昼间：是指 6：00 至 22：00 之间的时间段，为 16 h。

夜间：是指 22：00 至 6：00 之间的时间段，为 8 h。

5.2.5　累计百分数声级 L_N

由于环境噪声往往呈现不规则且大幅变动的情况，因此需要采用统计的方法，用不同的噪声值出现的概率或累积概率来表示，这就引入了 L_N 这个概念。

L_N：在测量时间内高于此声级所占的时间（或采样数）的百分比（N%）。常用的 N 取值为：5，10，50，90，95。比如 $L_{10}=80$ dB，表示在整个测量时间内噪声超过 80 dB的时间（或采样数）占 10%。L_{10} 相当于峰值平均噪声级；L_{50} 相当于平均噪声级；L_{90} 相当于背景噪声级（自身噪声）。

5.2.6　标准偏差 SD

SD 主要是对噪声数据的离散性做量化。如果数据都是一样的，*SD* 的值就是 0，如果噪声数据起伏大，*SD* 的值就大。

SD 的数值和 L_{10}、L_{50}、L_{90} 的关系：

$$L_{10}=L_{eq}+0.4SD+0.9\ (\text{dB})$$

$$L_{50}=L_{eq}-0.8SD+0.4\ (\text{dB})$$

$$L_{90}=L_{eq}-1.15SD-2\ (\text{dB})$$

5.2.7　峰值声压级 LPEAK、峰值 C 声压级 LCPEAK

峰值声压级指的是峰值声压平方与基准声压平方的比的以 10 为底的对数的 10 倍，峰值声压为一定时间间隔内，在标准频率计权或测量频带下的最大瞬时声压的绝对值，单位为分贝（dB）。峰值不等同于最大声级，没有时间计权，不经过 RMS 计算。峰值不能由最大值计算出来。LPEAK 一般用于职业噪声测量，用于测量持续时间很短的脉冲声。一般峰值不用于环境测量，尤其是有风的环境，一阵风可以导致很高的 LCPEAK 读数。

5.2.8　声级计的时间计权：快（F）、慢（S）、脉冲（I）

声级计的时间计权指声级计对声压变化的反应方式，它是波动信号的指数平均值，提供了易于读取的值。慢速的时间常数为 1 000 ms，快速的时间常数为 125 ms，脉冲时间常数为 35 ms。慢速用于测试稳态信号（纯音或持续平稳的声音）；快速用于测试瞬态信号（如说话声）；脉冲用于测试脉冲信号（如枪声）。一般默认使用快速（F）测试，当声级计显示值变化过大，无法准确读数时，用慢速（S）。

5.2.9 噪声测量仪器

声级计，又叫噪声计，是一种按照一定的频率计权和时间计权测量声音的声压级和声级的仪器，是最常用的基本仪器，是一种主观性的电子仪器，适用于室内噪声、环境噪声、机器噪声、建筑噪声等各种噪声测量。

按精度将声级计分为 1 级和 2 级。两种级别的声级计的各种性能指标具有同样的中心值，仅仅是容许误差不同。在参考条件下，1 级声级计的准确度±0.7 dB（低频噪声及室内结构传声适用 1 级噪声仪）。2 级声级计的准确度±1 dB（等效声级用 2 级或 1 级噪声仪均可）。

按体积大小可分为台式声级计、便携式声级计和袖珍式声级计。

按指示方式可分为模拟指示（电表、声级灯）、数字指示、屏幕指示声级计。

按功能可分为测量指数时间计权声级的常规声级计，测量时间平均声级的积分平均声级计，测量声暴露的积分声级计（以前称为噪声暴露计）。另外，有的具有噪声统计分析功能的称为噪声统计分析仪，具有采集功能的称为噪声采集器（记录式声级计），具有频谱分析功能的称为频谱分析仪。

5.2.10 边界

边界是指由法律文书（如土地使用证、房产证、租赁合同等）中确定的业主所拥有使用权（或所有权）的场所或建筑物边界。各种产生噪声的固定设备的厂界为其实际占地的边界。

5.2.11 倍频带声压级

采用符合 GB/T 3241—2010 标准规定的倍频程滤波器所测量的频带声压级，其测量带宽和中心频率成正比。本方法采用的室内噪声频谱分析倍频带中心频率为 31.5 Hz、63 Hz、125 Hz、250 Hz、500 Hz，其覆盖频率范围为 22～707 Hz。

5.2.12 稳态噪声

在测量时间内，被测声源的声级起伏不大于 3 dB 的噪声。

5.2.13 非稳态噪声

在测量时间内，被测声源的声级起伏大于 3 dB 的噪声。

5.2.14　背景噪声

被测量噪声源以外的声源发出的环境噪声的总和。

5.2.15　噪声敏感建筑物

指医院、学校、机关、科研单位、住宅等需要保持安静的建筑物。

5.2.16　声环境功能区分类

按区域的使用功能特点和环境质量要求，声环境功能区分为以下 5 种类型：

0 类声环境功能区：指康复疗养区等特别需要安静的区域。

1 类声环境功能区：指以居民住宅、医疗卫生、文化教育、科研设计、行政办公为主要功能，需要保持安静的区域。

2 类声环境功能区：指以商业金融、集市贸易为主要功能，或者居住、商业、工业混杂，需要维护住宅安静的区域。

3 类声环境功能区：指以工业生产、仓储物流为主要功能，需要防止工业噪声对周围环境产生严重影响的区域。

4 类声环境功能区：指交通干线两侧一定距离之内，需要防止交通噪声对周围环境产生严重影响的区域，包括 4a 类和 4b 类两种类型。4a 类为高速公路、一级公路、二级公路、城市快速路、城市主干路、城市次干路、城市轨道交通（地面段）、内河航道两侧区域；4b 类为铁路干线两侧区域。

5.3　工业企业厂界环境噪声和社会生活环境噪声的测定

环保热线举报平台中噪声投诉长期居高不下，位居各污染要素的第 2 位，仅次于大气污染。噪声投诉的类型主要以工业企业噪声和社会生活噪声两项为主。随着工业化进程的不断加快，工业企业的厂界噪声污染也日益加剧，并直接影响到了人们的生活、工作和学习，甚至是身体健康。因此，对工业企业噪声的控制在当今社会显得非常重要。工业企业的厂界噪声监测也是验收监测、执法监测等环境管理的重点关注因素。社会生活环境噪声包括营业性文化娱乐场所、商业经营活动中使用的向环境排放噪声的设备、设施运行所产生的噪声。近年来，社会生活噪声类投诉案件凸显在 KTV、酒吧等社会生活噪声源的投诉。因此，加强工业企业和社会生活噪声类型噪声污染的监测能力建设显得尤为重要。

现行有效的工业企业厂界噪声的控制标准是《工业企业厂界环境噪声排放标准》(GB 12348—2008)；现行有效的社会生活噪声控制标准是《社会生活环境噪声排放标准》(GB 22337—2008)。两类噪声污染的相似性，在两个标准里面给出的监测分析方法及评价方法也有很多类似的地方。

5.3.1 噪声监测方案

工业企业边界噪声监测、社会生活排放噪声监测、建筑施工噪声监测，关于其监测点位资料的准备情况，包括测点基础信息及相关资料等，如噪声监测类别、被测量单位名称、地址、厂界所处声环境功能区类别等均应明确。

噪声监测方案关于其各个阶段质控要点的分解与相关要求（包括自控和他控），其细节如有关监测人员、测量仪器、仪器精度、测量期间气象条件、采样方式、仪器校准、仪器操作、数据处理、质量审核等多方面质控要点在监测方案中要求应明确。

5.3.2 测量条件

测量应在无雨雪、无雷电天气，风速为 5 m/s 以下时进行。不得不在特殊气象条件下测量时，应采取必要措施保证测量准确性，同时注明当时所采取的措施及气象情况。测量应在被测声源正常工作时间进行，同时注明当时的工况。

5.3.3 测点位置及测量时段

根据噪声排放源、周围噪声敏感建筑物的布局以及毗邻的区域类别，在噪声排放源边界布设多个测点，其中包括距噪声敏感建筑物较近以及受被测声源影响大的位置。测点选在噪声排放源边界外 1 m、高度 1.2 m 以上、距任一反射面距离不小于 1 m 的位置。

测量时段分别在昼间、夜间两个时段测量。夜间有频发、偶发噪声影响时同时测量最大声级。被测声源是稳态噪声，采用 1 min 的等效声级。被测声源是非稳态噪声，测量被测声源有代表性时段的等效声级，必要时测量被测声源整个正常工作时段的等效声级。

5.3.4 测点位置其他规定

（1）当边界有围墙且周围有受影响的噪声敏感建筑物时，测点应选在边界外 1 m、高于围墙 0.5 m 以上的位置。

（2）当边界无法测量到声源的实际排放状况时（如声源位于高空、边界设有声屏障等)，应按 5.3.3 设置测点，同时在受影响的噪声敏感建筑物户外 1 m 处另设测点。

(3) 室内噪声测量时，室内测量点位设在距任一反射面至少 0.5 m 以上、距地面 1.2 m 高度处，在受噪声影响方向的窗户开启状态下测量。

(4) 噪声排放源的固定设备结构传声至噪声敏感建筑物室内，在噪声敏感建筑物室内测量时，测点应距任一反射面至少 0.5 m 以上、距地面 1.2 m、距外窗 1 m 以上，窗户关闭状态下测量。被测房间内的其他可能干扰测量的声源（如电视机、空调机、排气扇以及镇流器较响的日光灯、运转时出声的时钟等）应关闭。

5.3.5　背景噪声测量

(1) 测量环境：不受被测声源影响且其他声环境与测量被测声源时保持一致。

(2) 测量噪声源时宜在背景噪声较低、较稳定时测量，尽可能避开其他噪声源干扰。测量背景噪声与测量噪声源时声环境尽量保持一致。

(3) 若被测噪声源能够停止排放，则应在测量噪声源之前或之后，尽快停止噪声源并测量背景噪声。背景噪声测点与噪声源测点位置相同。若被测噪声源有多个监测点位，应测量各个测点处背景噪声。

(4) 若被测噪声源短时间内不能够停止排放，且噪声源停止前后的时间段内周围声环境已发生变化，则应另行选择与测量噪声源时声环境一致的时间测量背景噪声。

(5) 若被测噪声源不能够停止排放，且存在背景噪声对照点，背景噪声可选择在背景噪声对照点测量。应详细记录背景噪声对照点的周边声源情况、测点布设及其他影响因素（如绿化带、地形、声屏障等)，并与被测噪声源处相应信息进行比较。此方法仅用在背景噪声与噪声测量值相差 4.0 dB 以上时，相差 4.0 dB 以内时不得采用。

(6) 测量时长：与被测声源测量的时间长度相同。

5.3.6　测量仪器

仪器准备情况，包括测量仪器、校准仪器和辅助仪器。对于噪声监测的测量仪器要求使用 2 型及以上噪声统计分析仪（若需要测量低频噪声，则需准备 1 型噪声分析仪)，该测量仪器原始数据打印包含等效声级 L_{eq}、累积百分声级（L_{10}、L_{50}、L_{90}、L_{max}等)、标准偏差（SD)、测量时间等参数指标；校准仪器应要求为与噪声统计分析仪同型经计量检定的声学校准仪器；辅助仪器为 GPS 定位仪和相机（最好为带 GPS 定点功能的相机)，道路交通监测还需诸如计数器、皮尺、噪声仪支架等。

测量仪器为积分平均声级计或环境噪声自动监测仪，其性能应不低于 GB 3785 和

GB/T 17181 对 2 型仪器的要求。测量 35 dB 以下的噪声应使用 1 型声级计，且测量范围应满足所测量噪声的需要。校准所用仪器应符合 GB/T 15173—2010 标准对 1 级或 2 级声校准器的要求。当需要进行噪声的频谱分析时，仪器性能应符合 GB/T 3241—2010 标准中对滤波器的要求。

测量仪器和校准仪器应定期检定合格，并在有效使用期限内使用；每次测量前、后必须在测量现场进行声学校准，其前、后校准示值偏差不得大于 0.5 dB，否则测量结果无效。测量时传声器加防风罩。测量仪器时间计权特性设为“F”挡，采样时间间隔不大于 1 s。

5.3.7 测量结果数据处理

依据《环境噪声监测技术规范噪声测量值修正》（HJ 706—2014），来对实测噪声进行数据处理。

（1）噪声测量值与背景噪声值相差大于 10 dB（A）时，噪声测量值不做修正。

（2）噪声测量值与背景噪声值相差在 3～10 dB（A）之间时，噪声测量值与背景噪声值的差值取整后，按表 5-1 进行修正。

（3）噪声测量值与背景噪声值相差小于 3 dB（A）时，应采取措施降低背景噪声后，视情况按（1）或（2）执行。

（4）进行修正后得到的噪声排放值，应修约到个数位。即修正后的噪声值要以整数体现。

表 5-1 测量结果修正表 单位为 dB（A）

差值	3	4～5	6～10
修正值	−3	−2	−1

（5）倍频带声压级修正。噪声倍频带声压级测量值的修正方法是对背景噪声进行频谱分析，即测量背景噪声的各倍频带声压级，再视情况按（1）或（2）分别对每个倍频带测量值进行修正或达标判定。

（6）数值修约规则根据 GB/T 8170—2008 标准的规定，数值进舍规则为：拟舍弃数字的最左一位数字小于 5，则舍去，保留其余各位数字不变；拟舍弃数字的最左一位数字大于 5，则进一，即保留数字的末位数字加 1；拟舍弃数字的最左一位数字是 5，且其后有非 0 数字时进一，即保留数字的末位数字加 1；拟舍弃数字的最左一位数字为 5，且其后无数字或皆为 0 时，若所保留的末位数字为奇数则进一，若所保留的末位数字为偶数，则舍去。

5.4 噪声现场监测质量控制和质量保证

质量控制和质量保证作为噪声监测的基石，在噪声监测中起着举足轻重的作用。如若测量不规范，质量无保证，其所得数据必定是不准确的，是不可能真实反映各类声环境实际水平的。因此，质量控制作为噪声监测首要考虑的问题，其质量保证措施的实施应是全方位的，覆盖落实到声环境质量常规监测的各个方面和各个阶段。可以这么认为，质控伴随着噪声监测始终。噪声监测质量控制是对参加噪声监测的人员素质、数量，监测仪器选择，监测点位确定，现场监测的测量条件、测量方法、测量过程和原始数据的整理、报告审核，监测过程的质量审查等全方位、全过程，体现出事前、事中、事后一系列质量保证措施的技术要求，目的是保证噪声监测始终处于受控中，促使噪声监测结果较真实地定量反映被测声环境现状。

5.4.1 噪声监测质量控制的实施

噪声监测质控的重点和难点在于现场测量阶段。本阶段噪声监测的质控要点应体现出：

体制内监测站监测人员必须持有相应的噪声监测上岗证；有噪声检测资质的检测机构人员，必须经过相应的噪声监测岗前培训等。确保现场监测人员能正确理解噪声监测方案，并能严格执行监测方案上的具体要求。

现场监测仪器的选型正确，测量等效声级时应选择 2 型以上噪声分析仪，测量结构传播固定设备室内噪声、低频噪声和低于 35 分贝的噪声时应选用 1 型噪声分析仪。带到现场的设备，必须通过计量认证，且在测量前进行校准。噪声监测设备的校准与其他监测设备略有不同，必须在使用前后都应该校准，且前后校准的值不能超过±0.5 分贝。

噪声监测人员在现场应严格按照既定的监测方案执行，若监测点位情况与方案中有差异，应及时向质控部门反馈，并按照监测技术要求及时修正。监测点位及监测过程应该摄制相应的影像资料保存，以备后期查验。噪声监测数据应在现场及时打印，并填写到监测原始记录单，由现场见证人员签字确认。

5.4.2 数据整理及出具噪声监测阶段（事后）

本阶段噪声监测质控的他控措施主要为数据的审查、审核和质控要点落实情况的检查等。具体表现为：

（1）完整性审查：监测人员提供现场测量的原始数据、原始记录、原始资料是否齐全、完整、正确；

（2）逻辑性审查：根据原始记录、原始数据和原始资料的表征回溯其工况是否合理、正确；

（3）符合性审查：主要对各类噪声监测活动符合标准规范方面的检查，具体为各监测方案质控要点落实情况的检查以及现场他控情况的评估等；

（4）准确性审查：主要为有关监测仪器的精度，仪器计量检定，仪器测量前后声学校准，实测的定点坐标与规定的测量点位符合情况（主要通过原始数据打印显示的定点坐标及监测人员提交的现场实拍监测点位显著性参照物照片进行检查），数据的处理、统计和修约合规等。

5.5 噪声监测现场记录

噪声测量时需做测量记录。记录内容应主要包括：

（1）记录应包括被测声源的基本情况，如被测量单位名称、地址、边界所处声环境功能区类别、测量时气象条件、主要声源、测点位置。

（2）记录应包括噪声测量仪器基本情况，如噪声仪设备型号、校准仪器型号、仪器校准值（测前、测后）等。

（3）记录应包括测量时间、测量时段、测量工况、噪声测量值、背景值等相关信息。

（4）噪声监测记录还应包括示意图，示意图内容包括边界、声源、噪声敏感建筑物、测点等位置。

（5）记录应将噪声监测人员体现在记录上，噪声监测原始记录单上人员应包括测量人员、校对人、审核人。

噪声现场监测记录参考格式详见附录 2 的表 2-15～表 2-19，也可以自行制订。

5.6 噪声监测安全

进入现场（特别是建筑施工场地）须戴安全帽，以防物体坠落伤人。测量污染源噪声时要注意现场周围环境，防止触电、碰伤、机械伤害等安全事故发生。在测量高噪声源时，要配备防噪耳塞。测量交通噪声时要遵守交通秩序，以防发生交通事故。测量夜间噪声时，要注意周围环境安全，同时要做好生物性防护，配备口罩、橡胶手套、手电、棍棒、消毒药品等物品以防蛇、虫叮咬。

第 6 章　固体废物现场监测技术

2020 年 9 月 1 日起施行的新《中华人民共和国固体废物污染环境防治法》，第三十九条明确提出“产生工业固体废物的单位应当取得排污许可证”，首次以法律形式明确了将工业固体废物纳入排污许可制度进行监管的要求。固体废物虽然不是环境介质，但是它们是各种污染物的最终形态。固体废物在一定的条件下会发生化学、物理或生物的转化，对周围环境造成一定影响。如果采取的处理方法不当，有害物质将通过水、气、土壤、食物链等途径危害环境与人体健康。

本章主要介绍了固体废物的分类、样品的采集、样品保存、样品记录、样品的运输与交接、质量控制与质量保证等方面的内容，并对样品采集的注意事项进行了简要阐述。

6.1　固体废物的分类

固体废物是指在生产、生活和其他活动中产生的丧失原有利用价值或者虽未丧失利用价值但被抛弃或者放弃的固态、半固态和置于容器中气态的物品、物质以及法律、行政法规规定纳入固体废物管理的物品、物质。

固体废物的种类很多，通常将固体废物按其性质、形态、来源划分其种类。如按其性质可分为有机物和无机物；按其形态可分为固体的（块状、粒状、粉状）和泥状的；按其来源可分为矿业的、工业的、城市生活的、农业的和放射性的。

此外，固体废物还可分为有毒和无毒的两大类。有毒有害固体废物是指具有毒性、易燃性、腐蚀性、反应性、放射性和传染性的固体、半固体废物。凡含有氟、汞、砷、铬、镉、铅、氰等及其化合物和酚、放射性物质的废渣，均属有毒废渣。有毒有害固体废物中被列入国家危险废物名录或者根据国家规定的危险废物鉴别标准和鉴别方法认定的具有危险特性的固体废物，称为危险废物。

6.2 样品的采集

固体废物的采样工具包括：尖头钢锹；钢尖镐（腰斧）；采样铲（采样器）；具盖采样桶或内衬塑料的采样袋。

6.2.1 采样程序

（1）选派采样人员；

（2）明确采样目的和要求；

（3）进行背景调查和现场踏勘；

（4）确定采样方法；

（5）根据固体废物批量大小确定应采的份样（由一批废物中的一个点或一个部位，按规定量取出的样品）个数。

（6）根据固体废物的最大粒度（95%以上能通过的最小筛孔尺寸）确定份样量。

（7）认真填写采样记录表。

6.2.2 采样对象的确定

（1）应根据固体废物的产生源进行分类采样，禁止将不同产生源的固体废物混合。

（2）生产原辅料、工艺路线、产品均相同的两个或两个以上生产线，可以采集单条生产线产生的固体废物代表该类固体废物。

（3）固体废物为GB 34330—2017标准所规定的丧失原有使用价值的物质时，每类物质作为一类固体废物，分别采样鉴别。采样应满足以下要求：

① 如危险特性全部来源于该物质本身，且在使用过程中危险特性不变或降低，应采集该物质未使用前的样品。

② 如危险特性全部或部分来源于使用过程，应在该物质不能继续按照原有设计用途使用时采样。

（4）固体废物为GB 34330—2017标准所规定的生产过程（含固体废物利用、处置过程）中产生的副产物，应根据生产工艺节点确定固体废物类别，每类固体废物分别采样鉴别。采样应满足以下要求：

① 应在该固体废物从正常生产工艺或利用工艺中分离出来的工艺环节采样。

② 应在生产设施、设备、原辅材料和生产负荷稳定的生产期采样。

（5）固体废物为GB 34330—2017标准所规定的环境治理和污染控制过程中产生的

物质，应在污染控制设施污染物来源、设施运行负荷和效果稳定的生产期采样；应根据环境治理和污染控制工艺流程，对不同工艺环节产生的固体废物分别进行采样。

（6）堆存状态的固体废物，采样应满足以下要求：

① 如其产生过程尚未终止，应按（1）～（5）采集原产生工艺样品。

② 如其产生过程已经终止，则采集堆存的固体废物。

③ 环境事件涉及的固体废物，按照 HJ 298—2019 标准第 8 章相关要求采样。

（7）固体废物为生产和服务设施更换或拆除的固定式容器、反应容器和管道，粉状、半固态、液体产品使用后产生的包装物或容器，以及产品维修或产品类废物拆解过程产生的粉状、半固态、液体物料的盛装容器，采样对象应为容器中的内容物，每类内容物作为一类固体废物，分别采样。

（8）水体环境、污染地块治理与修复过程产生的，需要按固体废物进行处理处置的水体沉积物及污染土壤等环境介质，应尽可能在未发生二次扰动的情况下，根据水体、污染地块污染物的扩散特征和环境调查结果，对不同污染程度的环境介质进行分类采样。

（9）需要开展危险废物鉴别的建筑废物，应尽可能在拆除、清理之前或过程中，根据建筑物的组成和污染特性进行分类，分别采样。

6.2.3　采样份样数的确定

危险废物鉴别需根据待鉴别固体废物的质量确定采样份样数（第 6.2.2 节中第（2）条所列情形除外），表 6-1 为需要采集的固体废物的最小份样数。

表 6-1　固体废物采集最小份样数

固体废物质量（以 q 表示）（吨）	最小份样数（个）
$q \leqslant 5$	5
$5 < q \leqslant 25$	8
$25 < q \leqslant 50$	13
$50 < q \leqslant 90$	20
$90 < q \leqslant 150$	32
$150 < q \leqslant 500$	50
$500 < q \leqslant 1\,000$	80
$q > 1\,000$	100

堆存状态的固体废物，应以堆存的固体废物总量为依据，按照表确定需要采集的最小份样数。

生产工艺过程中产生的固体废物，以生产设施自试生产以来的实际最大生产负荷时的固体废物产生量为依据，按照表 6-1 确定需要采集的最小份样数。满足 6.2.2 节中第（2）条规定的固体废物，以固体废物产生量最大的单条生产线最大产生量为依据，按照表 6-1 确定需要采集的最小份样数。固体废物产生量根据以下方法确定：

（1）连续产生固体废物时，以确定的工艺环节一个月内的固体废物产生量为依据，按照表 6-1 确定需要采集的最小份样数。如果连续产生时段小于一个月，则以一个产生时段内的固体废物产生量为依据。

（2）间歇产生固体废物时，如固体废物产生的时间间隔小于或等于一个月，应以确定的工艺环节一个月内的固体废物最大产生量为依据，按照表 6-1 确定需要采集的最小份样数。如固体废物产生的时间间隔大于一个月，以每次产生的固体废物总量为依据，按照表 6-1 确定需要采集的最小份样数。

以下情形固体废物的危险特性鉴别，可以不根据固体废物的产生量确定采样份样数：

（1）鉴别样品为 6.2.2 节中第 3 条①所规定的物质，可适当减少采样份样数，份样数不少于 2 个。固体废物为 6.2.2 节中第（7）所规定的废弃包装物、容器时，内容物的采样参照本条执行。

（2）固体废物为废水处理污泥，如废水处理设施的废水的来源、类别、排放量、污染物含量稳定，可适当减少采样份样数，份样数不少于 5 个。

（3）固体废物来源于连续生产工艺，且设施长期运行稳定、原辅材料类别和来源固定，可适当减少采样份样数，份样数不少于 5 个。

（4）储存于储存池、不可移动大型容器、槽罐车内的液态废物，可适当减少采样份样数。敞口储存池和不可移动大型容器内液态废物采样份样数不少于 5 个；封闭式储存池、不可移动大型容器和槽罐车，如不具备在卸除废物过程中采样，采样份样数不少于 2 个。

（5）储存于可移动的小型容器（容积≤1 000 L）中的固体废物，当容器数量少于根据表 6-1 所确定的最小份样数时，可适当减少采样份样数，每个容器采集 1 个固体废物样品。

（6）固体废物非法转移、倾倒、储存、利用、处置等环境事件涉及固体废物的危险特性鉴别，因环境事件处理或应急处置要求，可适当减少采样份样数，每类固体废物的采样份样数不少于 5 个。

（7）水体环境、污染地块治理与修复过程中产生的，需要按照固体废物进行处理处置的水体沉积物及污染土壤等环境介质，以及突发环境事件及其处理过程中产生的固体废物，如鉴别过程已经根据污染特征进行分类，可适当减少采样份样数，每类固体废物的采样份样数不少于 5 个。

6.2.4　份样量的确定

固态废物样品采集的份样量应同时满足下列要求：

（1）满足分析操作的需要；

（2）依据固态废物的原始颗粒最大粒径，不小于表 6-2 中规定的质量。

表 6-2　不同颗粒物直径的固态废物的一个份样所需采集的最小份样量

原始颗粒最大粒径（以 d 表示）（厘米）	最小份样量（克）
$d \leqslant 0.50$	500
$0.50 < d \leqslant 1.0$	1 000
$d > 1.0$	2 000

（3）半固态和液态废物样品采集的份样量应满足分析操作的需要。

6.2.5　采样的时间和频次

1. 连续产生

样品应分次在一个月（或一个产生时段）内等时间间隔采集；每次采样在设备稳定运行的 8 h（或一个生产班次）内完成。每采集一次，作为 1 个份样。

2. 间歇产生

根据确定的工艺环节一个月内的固体废物的产生次数进行采样：如固体废物产生的时间间隔大于一个月，仅需要选择一个产生时段采集所需的份样数；如一个月内固体废物的产生次数大于或者等于所需的份样数，遵循等时间间隔原则在固体废物产生时段采样，每次采集 1 个份样；如一个月内固体废物的产生次数小于所需的份样数，将所需的份样数均匀分配到各产生时段采样。

6.2.6　采样方法

（1）固体废物采样工具、采样程序、采样记录和盛样容器参照 HJ/T20 的要求进行，固体废物采样安全措施参照 GB/T3723。

（2）在采样过程中应采取措施防止危害成分的损失、交叉污染和二次污染。

（3）生产工艺过程产生的固体废物应在固体废物排（卸）料口按照下列方法采集：

① 由卸料口排出的固体废物。采样过程应预先清洁卸料口，并适当排出固体废物

后再采集样品。采样时，采用合适的容器接住卸料口，根据需要采集的总份样数或该次需要采集的份样数，等时间间隔接取所需份样量的固体废物。每接取一次固体废物，作为 1 个份样。

② 板框压滤机。将压滤机各板框顺序编号，用 HJ/T 20—1998 标准中的随机数表法抽取与该次需要采集的份样数相同数目的板框作为采样单元采取样品。采样时，在压滤脱水后取下板框，刮下固体废物。每个板框内采取的固体废物，作为 1 个份样。

（4）堆存状态固体废物采样

① 散状堆积固态、半固态废物对于堆积高度小于或者等于 0.5 m 的散状堆积固态、半固态废物，将固体废物堆平铺为厚度为 10～15 cm 的矩形，划分为 5 N 个（N 为根据第（3）条②确定的所需采样的总份样数，下同）面积相等的网格，顺序编号；用 HJ/T 20—1998 标准中的随机数表法抽取 N 个网格作为采样单元，在网格中心位置处用采样铲或锹垂直采取全层厚度的固体废物。每个网格采取的固体废物，作为 1 个份样。对于堆积高度大于 0.5 m 的散状堆积固态、半固态废物，应分层采取样品；采样层数应不小于 2 层，按照固态、半固态废物堆积高度等间隔布置；每层采取的份样数应相等。分层采样可以用采样钻或者机械钻探的方式进行。

② 敞口储存池或不可移动大型容器中的固体废物，将容器（包括建筑于地上、地下、半地下的）划分为 5N 个面积相等的网格，顺序编号。液态废物，用 HJ/T 20—1998 标准中的随机数表法抽取 N 个网格作为采样单元采取样品。对于无明显分层的液态废物，采用玻璃采样管或者重瓶采样器进行采样。将玻璃采样管或者重瓶采样器从网格的中心位置处垂直缓慢插入液面至容器底；待采样管/采样器内装满液态废物后，缓缓提出，将样品注入采样容器。对于有明显分层的液态废物，采用玻璃采样管或者重瓶采样器进行分层采样。每采取一次，作为 1 个份样。

固态、半固态废物，固体废物厚度小于 2 m 时，按照 HJ/T 20—1998 标准中的随机数表法抽取 N 个网格作为采样单元采取样品。采样时，在网格的中心位置处用土壤采样器或长铲式采样器垂直插入固体废物底部，旋转 90°后抽出。每采取一次固体废物，作为 1 个份样。固体废物厚度大于或等于 2 m 时，用 HJ/T 20—1998 标准中的随机数表法抽取（N＋1）/3（四舍五入取整数）个网格作为采样单元采取样品。采样时，应分为上部（深度为0.3 m处）、中部（1/2 深度处）、下部（5/6 深度处）三层分别采取样品。每采取一次，作为 1 个份样。

③ 小型可移动袋、桶或其他容器中的固体废物。将各容器顺序编号，按照 HJ/T 20—1998 标准中的随机数表法抽取 N 个容器作为采样单元采取样品。根据固体废物性状，分别使用长铲式采样器、套筒式采样器或者探针进行采样。每个采样单元采取 1

个份样。当容器最大边长或高度大于 0.5 m 时，应分层采取样品，采样层数应不小于 2 层，各层样品混合作为 1 个份样。

如样品为液态废物，将容器内液态废物混匀（含易挥发组分的液态废物除外）后打开容器，将玻璃采样管或者重瓶采样器从容器口中心位置处垂直缓缓插入液面至容器底；待采样管/采样器内装满液体后，缓缓提出，将样品注入采样容器。

④ 封闭式储存池、不可移动大型容器或槽罐车中的固体废物，储存于封闭式储存池、不可移动大型容器或槽罐车中的固体废物应尽可能在卸除固体废物过程中按第 6.2.6 中第（4）条②方法采取样品。如不能在卸除固体废物过程中采样，按 6.2.6 中第（3）条②方法从储存池、容器上部开口采集样品。如存在卸料口，则同时在卸料口按 6.2.6 中第（3）条①方法采集不少于 1 个份样。

6.2.7　样品标识

样品盛入容器后，在容器壁上应随即贴上标签。标签内容包括：样品名称及编号、工业固体废物批次及批量、产生单位、采样部位、采样日期、采样人等。

6.2.8　样品保存和运输

1. 样品的保存

固体废物一般不需要加入保存剂保存，选用合适的容器和条件即可，保存要求：

① 每份样品保存量至少应为试验和分析需用量的 3 倍。

② 样品装入容器后应立即贴上样品标签。

③ 对易挥发废物，采取无顶空存样，并取冷冻方式保存。

④ 对光敏废物，样品应装入深色容器中并置于避光处。

⑤ 对温度敏感的废物，样品应保存在规定的温度之下。

⑥ 对与水、酸、碱等易反应的废物，应在隔绝水、酸、碱等条件下储存。

⑦ 样品保存应防止受潮或受灰尘等污染。样品保存期为一个月，易变质的不受此限制。

⑧ 样品应在特定场所由专人保管。

⑨ 撤销的样品不许随意丢弃，应送回原采样处或处置场所。

2. 样品运输

样品运输过程中，应防止不同工业固体废物样品之间的交叉污染；盛样容器不可倒置、倒放，应防止破损、浸湿和污染。

6.3 质量保证与质量控制

（1）固体废物危险特性鉴别检测项目的确定应以工艺分析为主要手段，综合原辅材料特性、生产工艺、固体废物产生工艺等信息，确定可能具有的危险特性及相应检测项目。

（2）样品采集应记录必要的信息，应包括（但不限于）：样品编号、采样时间、采样地点、企业生产工况。样品的采集、包装、运输和保存应符合相应检测项目的有关要求。

（3）固体废物危险特性鉴别的检测应符合相应检测方法的质量保证与质量控制要求。

6.4 固体废物样品采集现场记录

现场应记录工业固体废物的名称、数量、性状、包装、处置、储存、环境、编号、送样日期、送样人等，固体废物样品采集现场记录参考格式详见附录 2 的表 2-20，也可以自行制订。

6.5 固体废物现场监测安全

一般要注意在采样时穿工作服，要戴合适的一次性手套、口罩；采样时应小心谨慎，避免样品喷溅。

附录1　标准规范

附表 1-1　污染物排放标准

标准类型	序号	排放标准名称及编号
废水	1	《城镇污水处理厂污染物排放标准》(GB 18918—2002)
	2	《污水综合排放标准》(GB 8978—1996)
废气	1	《锅炉大气污染物排放标准》(GB 13271—2014)
	2	《火电厂大气污染物排放标准》(GB 13223—2011)
	3	《大气污染物综合排放标准》(GB 16297—1996)
	4	《恶臭污染物排放标准》(GB 14554—1993)
	5	《危险废物焚烧污染控制标准》(GB 18484—2020)
标准统计截至 2023 年 3 月		

附表 1-2　相关监测技术规范标准

分类	标准号	标准名称
废气监测技术规范类	HJ 75—2017	《固定污染源烟气(SO_2、NO_x、颗粒物)排放连续监测技术规范》
	HJ 76—2017	《固定污染源烟气(SO_2、NO_x、颗粒物)排放连续监测系统技术要求及检测方法》
	HJ/T 397—2007	《固定源废气监测技术规范》
	HJ/T 55—2000	《大气污染物无组织排放监测技术导则》
	GB/T 16157—1996	《固定污染源排气中颗粒物测定与气态污染物采样方法》
	HJ 905—2017	《恶臭污染环境监测技术规范》

续表

分类	标准号	标准名称
废气监测技术规范类	HJ 91.1—2019	《污水监测技术规范》
	HJ/T 92—2002	《水污染物排放总量监测技术规范》
	HJ 493—2009	《水质采样样品的保存和管理技术规定》
	HJ 494—2009	《水质采样技术指导》
	HJ 495—2009	《水质采样方案设计技术规定》
	HJ 661—2013	《环境噪声监测点位编码规则》
	HJ 640—2012	《环境噪声监测技术规范 城市声环境常规监测》
噪声监测技术规范类	GB 12348—2008	《工业企业厂界环境噪声排放标准》
	HJ 706—2014	《环境噪声监测技术规范 噪声测量值修正》
其他技术规范类	HJ/T 373—2007	《固定污染源监测质量保证与质量控制技术规范（试行）》
	HJ/T 20—1998	《工业固体废物采样制样技术规范》

注：标准统计截至 2023 年 3 月。

附录 2　污染源现场监测质量控制相关模板和样表

附表 2-1　企业废水采样记录

样品编号	采样口名称	采样项目	断面面积/m^2	流速/（m/s）	采样点水深/m	采样断面类型（或形状）	采样时间	样品气味	样品颜色	固定剂	原水样pH值	加固定剂后pH值

采样点位置：（文字描述）	采样点位置图：
参照标准	
注：采样断面类型包括排水井、排水明渠、暗渠、集水区等；采样断面形状指圆形、矩形、梯形等。	

采样人：　　　　　　校核人：　　　　　　日期：

附表 2-2　企业排污口废水监测现场工况

项目	现场情况	情况说明
企业类型	企业排放废水类型	
排污管线	排污口位置图	
	采样点是否在渠道较直、水量稳定、上游无污水汇入处	
	若不符合上述要求，请说明布点位置及理由	
	采样口是否为多企业共用一个排污口或一个企业多个排污口中之一	
	若存在上述情况，说明实际采样点位置及设置理由	
采样频次设定	采样频次测定是否符合企业废水排放规律	
	企业排放规律	
流量测量	企业废水排放流量一时间属于哪种类型	波动较小波动有规律波动无规律
	采用测量方法	
治理设施运行	治理设施是否运行	
	运行记录是否全面	
	运行状况是否良好	
生产负荷	调查企业生产报表及生产记录，测算生产负荷	
	监测时实际生产负荷	
	是否相符，若不相符，说明现场核实结果	
	企业用水量与排水量是否相符	
	若不相符，说明现场核实结果	

记录人：　　校核人：　　日期：

附表 2-3　固定污染源有组织废气中污染物采样原始记录

打印单粘贴处

单位名称：　　任务编号：　　监测类别：　□监督性监测　□指令性监测　□其他　　方法依据：

仪器型号及编号：　　采样日期：　　环境温度：　℃　　大气压：　kPa

气密性检查：　□合格　□不合格　　污染物名称：

污染源基本情况	样品（采样头或滤筒）编号	跟踪率（%）	含湿量（%）	采样时间 t（min）	计前压力 Pr（kPa）	计前温度 Tr（℃）	排气筒压力 动压（Pa）	排气筒压力 静压（kPa）	排气筒压力 全压（kPa）	排气温度 ℃	采气体积 V（L）	标况采气体积 V_{nd}（L）	标干烟气流量 Q_{nd}（m^3/h）
被监测设备名称及型号													
排气筒高度													
监测断面尺寸													
断面采样位置													

处理设施及运行状况：

备注：	燃料种类：　　燃料消耗量：　　被监测设备运行负荷率：

被监测单位代表（现场见证人）：　　采样：　　记录：　　校核：　　第　页共　页

附表 2-4 无组织排放废气采样原始记录表

打印单粘贴处

项目名称：　　任务编号：　　采样点名称：　　采样日期：

采样器型号、名称：　　采样器编号：　　天气状况：　　方法依据：

监测项目	样品编号	采样时间		环境气温（℃）	环境气压（kPa）	相对湿度（%）	风向（度）	风速（m/s）	累积采样时间（min）	采样流量（L/min）	采样体积（L）	标态采样体积（L）	样品保存情况
		起始时间	终止时间										
点位示意图													

采样：　　记录：　　校核：　　第　页　共　页

附表 2-5　固定污染源废气企业基本情况现场调查表

<table>
<tr><td>企业名称</td><td colspan="3"></td><td>所属行业</td><td></td></tr>
<tr><td>地址及邮编</td><td colspan="3"></td><td>建成投运时间</td><td></td></tr>
<tr><td>联系人</td><td></td><td>固定电话</td><td></td><td>手机</td><td></td></tr>
<tr><td colspan="6">一、企业生产运行情况</td></tr>
<tr><td colspan="2">燃料类型</td><td colspan="4"></td></tr>
<tr><td colspan="2">锅炉/炉窑类型</td><td colspan="4"></td></tr>
<tr><td colspan="2">是否采用低氮燃烧及何种技术</td><td colspan="4"></td></tr>
<tr><td colspan="2">原料名称及设计消耗量</td><td colspan="4"></td></tr>
<tr><td colspan="2">产品名称及设计生产能力</td><td colspan="4"></td></tr>
<tr><td colspan="2">监测期间的原料消耗量/
产品产量及生产负荷</td><td colspan="4"></td></tr>
<tr><td colspan="6">二、治污设施及投运情况</td></tr>
<tr><td rowspan="4">脱硝设施建设、运行情况</td><td colspan="2">是否已建设投运</td><td colspan="3">是（ ）否（ ）</td></tr>
<tr><td colspan="2">脱硝工艺名称</td><td colspan="3"></td></tr>
<tr><td colspan="2">脱硝工艺参数</td><td colspan="3">设计煤种挥发分：（ ）%
脱硝还原剂名称：
脱硝效率：（ ）%</td></tr>
<tr><td colspan="2">监测期间运行情况</td><td colspan="3"></td></tr>
<tr><td rowspan="4">除尘设施建设、运行情况</td><td colspan="2">是否已建设投运</td><td colspan="3">是（ ）否（ ）</td></tr>
<tr><td colspan="2">除尘工艺名称</td><td colspan="3"></td></tr>
<tr><td colspan="2">除尘工艺参数</td><td colspan="3">除尘效率：（ ）%</td></tr>
<tr><td colspan="2">监测期间运行情况</td><td colspan="3"></td></tr>
<tr><td rowspan="4">脱硫设施建设、运行情况</td><td colspan="2">是否已建设投运</td><td colspan="3">是（ ）否（ ）</td></tr>
<tr><td colspan="2">脱硫工艺名称</td><td colspan="3"></td></tr>
<tr><td colspan="2">脱硫工艺参数</td><td colspan="3">设计燃煤含硫率：（ ）%
平均燃煤含硫率：（ ）%
脱硫效率：（ ）%</td></tr>
<tr><td colspan="2">监测期间运行情况</td><td colspan="3"></td></tr>
</table>

续表

三、CEMS 系统安装及运行情况

CEMS 系统具体安装位置名称						
手工监测断面具体位置名称						
CEMS 安装位置与手工断面是否吻合						
排放标准名称						
CEMS 系统安装规范性	安装位置是否规范					
	监测平台是否规范					
	手工监测断面与 CEMS 系统安装位置是否吻合					
CEMS 系统验收情况	是否已通过验收	是（ ）否（ ）				
	通过验收时间	年 月 日				
运维台账是否完整、准确	日常巡检记录					
	定期校准/校验及比对监测记录					
	维修保养记录					
CEMS 系统参数设置是否准确、合理	过剩空气系数					
	皮托管系数					
	速度场系数					
	烟气流量计算					
	污染物折算浓度					
	污染物排放速率计算					
安装自动设备种类						
设备型号						
方法原理						
是否通过有效性审核						
检出限						
测定量程						
运营方式						
运营单位						

企业代表：　　　　填表人：　　　　填表日期：　年　　月　　日

附表 2-6　烟气黑度观测记录

被监测单位（任务编号）：

观测日期：　　　　　　　　　　　　观测仪器型号及编号：

方法依据：林格曼烟气黑度图法　　　HJ/T 398—2007

分＼秒	0	15	30	45	
0					**观测点位置与观测条件** 烟囱距离____m；烟囱所在方向____； 烟囱高度____m；烟囱出口形状____； 风向________；风速_______m/s。 天气状况：□晴朗 □少云 □多云 □阴天 烟雨背景：□无云 □薄云 □白云 □灰云 备注：
1					
2					
3					
4					
5					
6					
7					
8					
9					
10					**观测值累计次数及时间** 观测开始时间：_____时_____分 观测结束时间：_____时_____分 5 级：____次　累计时间____分钟 ≥4 级：_____次　累计时间_____分钟 ≥3 级：_____次　累计时间_____分钟 ≥2 级：_____次　累计时间_____分钟 ≥1 级：_____次　累计时间_____分钟 <1 级：_____次　累计时间_____分钟
11					
12					
13					
14					
15					
16					
17					
18					
19					
20					
21					
22					
23					被监测设备名称及型号：__________ 净化设施名称：______________ 燃料种类：________________ 燃料消耗量：______________ 运行时间：______________小时/天
24					
25					
26					
27					
28					
29					
烟气黑度（林格曼级）：					

被检测单位代表（现场见证人）签名：

观测人：　　　　　　　　　　复核：　　　　　　　　　　审核：

附表 2-7　颗粒物浓度分析原始记录表

单位名称：　　任务编号：　　天平名称、型号：　　编号：　　最低检出限：

分析方法：重量法　　计算公式：$W_2-W_1/V_{nd}\times10^6$　　分析日期：　　方法依据：

采样断面位置	滤筒号	采样前恒重 W_1（g）			采样后恒重 W_2（g）			过剩空气系数	实测浓度（mg/m^3）	均值（mg/m^3）	折算浓度（mg/m^3）	均值（mg/m^3）	排放量（kg/h）	均值（kg/h）
		1	2	均值	1	2	均值							

分析人员：　　复核：　　审核：　　第　　页共　　页

附表 2-8　低浓度颗粒物分析原始记录表

任务编号：　　单位名称：　　天平名称、型号、编号：

分析方法及依据：　　最低检出限：　　分析日期：

采样断面位置	样品编号	采样前恒重 W_1（g）			采样后恒重 W_2（g）			浓度（mg/m³）	平均值（mg/m³）	排放量（kg/h）	平均值（kg/h）
		1	2	均值	1	2	均值				
备注	烟气温度：______　采样前烘焙温度：______　采样前烘焙时长：______　采样前平衡温度：______ 采样前平衡湿度：______　采样前平衡时长：______　采样后烘焙温度：______　采样后烘焙时长：______ 采样后平衡温度：______　采样后平衡湿度：______　采样后平衡时长：______										

分析：　　复核：　　审核：　　第　　页　共　　页

附表 2-9 非分散红外法测定烟气中 SO_2、NO_x 浓度分析原始记录表

单位名称： 方法依据： 方法检出限：

仪器型号及编号： 分析日期：

污染物名称	采样位置	实测浓度（mg/m³）	过剩空气系数	折算浓度（mg/m³）	平均值（mg/m³）	排放量（kg/h）	平均值（kg/h）	设备监测前后标定情况							
								标气		测定前			测定后		
								名称	浓度	实测	平均	示值误差	实测	平均	示值误差
备注															

分析： 复核： 审核：

附表 2-10　定电位电解法测定烟气中 SO_2、NO_x 等浓度分析原始记录表

单位名称：　　　　方法依据：　　　　方法检出限：

仪器型号及编号：　　　　采样位置：　　　　分析日期：

污染物名称		测定时长	实测浓度（mg/m³）	过剩空气系数	折算浓度（mg/m³）	平均值（mg/m³）	排放量（kg/h）	平均值（kg/h）	CO实测浓度	设备监测前后标定情况							
										标气		测定前			测定后		
										名称	浓度	实测	平均	示值误差	实测	平均	示值误差
备注	________二氧化硫传感器干扰实验测定的二氧化硫最高浓度值________，一氧化碳浓度值________。																

分析：　　　　复核：　　　　审核：　　　　第　　页共　　页

附表 2-11　饮食行业排气中油烟采样原始记录表

单位名称：　　监测地址：　　采样日期：　　大气压：

方法依据：　　排气筒高度：　　排气筒材质：　　风机额定风量：

燃料种类：　　燃料耗量：　　油烟发生状态：□作业高峰期　□油烟发生器法

治理设备名称及型号：　　对应灶头总投影面积（m^2）：　　对应灶头总功率（10^8 J/h）：

测试仪器名称及型号：

采样位置（进、出口）	采样断面尺寸	滤筒编号	采样时间 t（min）	计前压力 Pr（kPa）	计前温度 Tr（℃）	排气筒压力			标态采样体积 V_{nd}（L）	标态烟气流量（m^3/h）	运行灶头数 n（个）
						动压（Pa）	静压（kPa）	全压（kPa）			
备注：											

被监测单位代表（现场见证人）：　　采样：　　记录：　　复核：　　第　　页共　　页

附表 2-12　油烟分析原始记录表

任务名称：　　　　方法名称及依据：红外分光光度法　　　　取样日期：

样品类型：　　　　仪器型号及编号：　　　　检出限（CCl_4中）：　　　　分析日期：

样品名称或编号	单个灶头基准排风量（m^3/h）	折算的工作灶头个数	实测排风量（m^3/h）	标干烟气体积（m^3）	清洗液定容体积 V_0（mL）	A_{2930}	A_{2960}	A_{3030}	样品浓度（mg/L）	排放浓度（mg/m^3）
标准曲线	浓度（mg/L）							$a=$　$b=$　$r=$		
	浓度（mg/L）									
校正系数	$X=$　，$Y=$　，$Z=$　，$F=$									

分析：　　　　校核：　　　　审核：　　　　第　页共　页

附表 2-13　固定污染源废气采样器流量校准原始记录表

流量计型号：　　　　流量计编号：　　　　校准时间：

被校准仪器名称及编号	校准时间	被校准仪器流量示值（L/min）	流量计读数（L/min）				相对误差%	是否合格	修正值（L/min）	校准人
			第一次	第二次	第三次	平均值				

记录：　　　　复核：　　　　审核：

附表 2-14　沥青烟浓度分析原始记录表

单位名称：　　任务编号：　　天平名称、型号：　　编号：　　最低检出限：

分析方法：重量法　　计算公式：$W_2 - W_1 / V_{nd} \times 10^6$　　分析日期：　　方法依据：

采样断面位置	滤筒号	采样前恒重 W_1（g）			采样后恒重 W_2（g）			浓度（mg/m^3）	平均值（mg/m^3）	排放量（kg/h）	平均值（kg/h）
		1	2	均值	1	2	均值				

分析：　　复核：　　审核：　　第　页共　页

附表 2-15　厂界噪声监测原始记录表

任务名称：　　　　　　方法依据：　　　　　　监测日期：　　　　　　风向：

任务编号：　　　　　　声级计及编号：　　　　　　天气状况：　　　　　　风速：

	监测点名称或编号	L_{eq}	SD	L_{90}	L_{50}	L_{10}	主要声源	环境特征	测点分布示意图及简要说明	电脑打印单
昼间测量值 dB（A）									北↑	
夜间测量值 dB（A）										
备　注										
声级计校准	校准器及编号：				监测前校准值：　　dB（A）				监测后校准值：　　dB（A）	

监测：　　　　　　记录：　　　　　　校核：　　　　　　审核：

被监测单位代表（现场见证人）：　　　　　　第　　页共　　页

附表 2-16　低频噪声监测原始记录表

任务名称：　　　　方法依据：　　　　监测日期：　　　　风向：

任务编号：　　　　声级计及编号：　　　　天气状况：　　　　风速：

	倍频程中心频率 Hz / 编号	31.5	63	125	250	500	主要声源	环境特征	监测点位分布图及简要说明	电脑打印单
昼间测量值 dB（A）									北↑	
夜间测量值 dB（A）										
备　注										
声级计校准	校准器及编号：			监测前校准值：　　dB（A）				监测后校准值：　　dB（A）		

监测：　　　　记录：　　　　校核：　　　　审核：

被监测单位代表（现场见证人）：　　　　第　　页共　　页

附表 2-17　社会生活环境噪声监测原始记录表

任务名称：　　任务编号：　　项目地址：　　监测日期：　　天气状况：

方法依据：　　仪器名称及型号：　　仪器编号：　　风速：　　风向：

测点编号	监测点名称	主要声源	监测时间	测量值 L_{eq} dB（A）						备注	测点分布示意图及简要说明
				昼　间			夜　间				
				测量值	背景值	校正值	测量值	背景值	校正值		
声级计校准		校准器名称及型号：		校准总编号：		监测前校准值：		dB（A）	监测后校准值：		dB（A）

被监测代表人：　　监测人员：　　记录人员：　　校核：　　第　页共　页

附表 2-18　铁路周边环境噪声监测数据原始记录

项目名称：　　　　项目编号：　　　　方法依据：

仪器型号：　　　　仪器名称及编号：　　　　风　速：　　　　风　向：

序号	测点编号	点位名称	监测时间		监测结果 L_{Aeq}			车次	作用时长（s）	天气状况	备　注（重连列车数及会车次数）
			日期	时 段	测量值	背景值	校正值				
声级计校准	校准器名称及型号：		校准器编号：			监测前校准值：　dB（A）			监测后校准值：　dB（A）		

监测人员：　　　　记录人员：　　　　校核：　　　　审核：　　　　第　　页　共　　页

附表 2-19　建筑施工噪声监测原始记录表

项目名称：　　　　项目编号：　　　　监测日期：　　　　天气状况：

方法依据：　　　　仪器型号：　　　　仪器编号：　　　　风速（m/s）：　　　　风向（度）：

<table>
<tr><th rowspan="2">桩号</th><th rowspan="2">编号</th><th rowspan="2">监测点位名称</th><th rowspan="2">监测日期</th><th colspan="6">监测结果/dB（A）</th><th rowspan="2">测点与施工机械间距离（m）</th><th rowspan="2">施工机械名称与数量</th><th rowspan="2">其他声源</th><th rowspan="2">备 注</th></tr>
<tr><th>L_{eq}</th><th>最大值</th><th>L_{90}</th><th>L_{50}</th><th>L_{10}</th><th>最小值</th></tr>
<tr><td></td><td></td><td></td><td></td><td></td><td></td><td></td><td></td><td></td><td></td><td></td><td></td><td></td><td></td></tr>
<tr><td></td><td></td><td></td><td></td><td></td><td></td><td></td><td></td><td></td><td></td><td></td><td></td><td></td><td></td></tr>
<tr><td></td><td></td><td></td><td></td><td></td><td></td><td></td><td></td><td></td><td></td><td></td><td></td><td></td><td></td></tr>
<tr><td></td><td></td><td></td><td></td><td></td><td></td><td></td><td></td><td></td><td></td><td></td><td></td><td></td><td></td></tr>
<tr><td></td><td></td><td></td><td></td><td></td><td></td><td></td><td></td><td></td><td></td><td></td><td></td><td></td><td></td></tr>
<tr><td></td><td></td><td></td><td></td><td></td><td></td><td></td><td></td><td></td><td></td><td></td><td></td><td></td><td></td></tr>
<tr><td>施工期基本情况</td><td colspan="3">施工机械声源方位：
测点与施工点水平距离（m）：
测点与施工点高差（m）：</td><td colspan="6">测点周围住户数（户）：
测点周围住户人数（人）：
周围植被状况：
种　类：</td><td colspan="4">测点位置示意图：</td></tr>
<tr><td>声级计校准</td><td colspan="13">校准器名称及型号：　　　　校准器编号：　　　　监测前校准值：　　dB（A）　监测后校准值：　　dB（A）</td></tr>
</table>

监测人员：　　　　记录人员：　　　　校核：　　审核：　　　　第　　页共　　页

附表 2-20　固体废物记录表

工业固体废物生产单位：

工业固体废物名称：　　　　采样日期：　　　　产生形式：　　　　厂方签字确认：

采样方法：

编号	样品来源	采样位置	份样量	小时产出量（t/h）	采样间隔（min）	样品特性

采样人：　　　　送样人：　　　　接样人：　　　　接样日期：

附录3　污染源现场监测方案参考模板

一、基本情况

主要介绍排污单位的地理位置、生产规模、产品生产情况、人员等基本信息。例如，×××××有限公司位于×××××市×××××路××号，成立于××××年×月。公司用地面积为×××m^2，现有员工××××余名。公司目前主要产品有：×××××、×××××、×××××、×××××……年产量分别为×××××、×××××、×××××、×××××……

二、排污及治理情况

主要介绍排污单位生产的工业流程，并分析产排污节点及污染治理的情况。

1. 废水污染物产生的主要环节
2. 废气污染物产生的主要环节
3. 噪声产生的主要环节
4. 固体废物产生的主要环节

三、监测方案

1. 废水监测

1.1　废水监测点位及项目

1.2　废水监测频次

1.3　废水采集方法及要求

1.4　废水检测分析方法及依据

1.4　废水监测结果评价标准

2. 废气监测

2.1　废气监测点位及项目

2.2　废气监测频次

2.3　废气采集方法及要求

2.4　废气检测分析方法及依据

2.4　废气监测结果评价标准

3. 噪声监测

3.1　噪声监测点位

3.2　噪声监测频次

3.3　噪声采集方法及要求

3.4　噪声检测分析方法及依据

3.4　噪声监测结果评价标准

4. 固体废物监测

4.1　固体废物监测点位

4.2　固体废物监测频次

4.3　固体废物采集方法及要求

4.4　固体废物检测分析方法及依据

4.4　固体废物监测结果评价标准

四、质量保证与质量控制

五、监测时间安排

参考文献

[1] 周小燕. 环境监测站矿井废水监测方法及质量管理对策研究 [J]. 皮革制作与环保科技，2021，2（24）：152-154.

[2] 李宏. 环境监测中废水监测质量控制方法研究 [J]. 皮革制作与环保科技，2021，2（14）：62-63.

[3] 梁自强. 环境监测中废水监测质量控制方法研究 [J]. 中国资源综合利用，2021，39（1）：150-152.

[4] 郎宏峰. 水污染源现场监测过程中的质量控制与采样技术 [J]. 黑龙江科学，2021，12（2）：138-139.

[5] 陈舒影，何强，于聪聪. 基于土壤监测质量控制问题探索与分析 [J]. 皮革制作与环保科技，2022，3（23）：167-169，181.

[6] 龙锦德. 场地环境调查土壤监测活动中的质量控制措施 [J]. 皮革制作与环保科技，2022，3（18）：56-58.

[7] 李志明. 环境监测中土壤现场采样监测技术问题及优化 [J]. 低碳世界，2022，12（7）：15-17.

[8] 蔡名锋. 浅谈环境噪声监测中存在的问题及改进措施 [J]. 皮革制作与环保科技，2022，3（22）：63-65.

[9] 莫梓杰. 关于环境噪声监测中的问题分析及质量控制措施探讨 [J]. 皮革制作与环保科技，2022，3（16）：63-65.

[10] 刘景兰，葛菲媛，秦磊，黄欢. 地下水环境监测井评估体系构建研究 [J]. 环境监控与预警，2022，14（6）：77-81.

[11] 徐玮，马哲，沈朝阳. 昌吉国家农业科技园区地下水动态特征分析与监测管理工作思考 [J]. 水资源开发与管理，2023，9 (1)：8-13.

[12] 张宁. 环境污染源中废气监测的流程及质量控制 [J]. 皮革制作与环保科技，2022，3 (19)：45-47.

[13] 彭璐. 分析固定污染源废气监测中有关问题 [J]. 冶金与材料，2022，14 (1)：167-168.

[11] 徐娟，[illegible]. [illegible]

[illegible] [J]. [illegible], 202[illegible] (1): 8-15.

[12] 张[illegible] [J]. [illegible]

[illegible], 22 [illegible] (10): 45-47.

[13] [illegible] [J]. [illegible], 2022 (1): 13.